고추
유기재배

고추
유기재배

초판발행 2012년 11월 30일
초판 4쇄 2019년 1월 11일

책임진행 농촌진흥청 농촌지원국 김성일 · 이현학 · 김근영
엮은이 국립농업과학원 강충길 · 김민정 · 김용기 · 남홍식 · 박광래 · 박종호 · 박홍경 · 심창기 · 안난희 · 이민호 ·
         이병모 · 이상민 · 이상범 · 이연 · 이용기 · 이지현 · 조정래 · 지형진 · 최현석 · 한은정 · 홍성준

펴낸이 채종준
디자인 곽유정 · 박능원
편집 남미화 · 김소영
펴낸곳 한국학술정보(주)
주소 경기도 파주시 회동길 230 (문발동 513-5)
전화 031-908-3181 (대표)
팩스 031-908-3189
홈페이지 http://ebook.kstudy.com
E-mail 출판사업부 publish@kstudy.com
등록 제일산-115호(2000.6.19)

ISBN 978-89-268-3859-4 93520 (Paper Book)
       978-89-268-3860-0 95520 (e-Book)

고추
유기재배

목 차

Part 01

·

유기농 고추

Ⅰ. 고추의 특성

- 고추는 가지과에 속하는 다년생 작물로 우리나라에서는 1년생초로 재배되며 매운맛을 내는 열매를 식용으로 사용하는 채소이다.
- 고추 원산지는 남아메리카로 임진왜란 때 우리나라로 들어온 것으로 추정되며 현재 우리 식단에 없어서는 안 될 가장 중요한 향신료이다.
- 고추는 비타민 A, B, C 등과 다양한 무기 영양소를 다량 함유하고 있다.
- 고추 주성분인 매운맛을 내는 캡사이신(Capsaicin)은 아래와 같은 다양한 효능으로 최근에 더욱 주목받고 있다.
  - 지방조직을 분해하여 비만을 예방하는 효과가 있다.
  - 발암물질의 작용을 막고 암세포를 감소시켜 암 발생을 억제한다.
  - 위염을 억제하여 위암을 예방한다.
  - 뇌세포막의 산화를 방지하여 치매를 예방한다.
  - 심폐기능을 강화해 지구력을 높여준다.

Ⅱ. 재배 현황

1. 국내 재배 현황

- 고추는 국내 전체 채소 중 가장 많은 재배 면적과 생산량을 차지하는 작물로 중요한 환금성 작물 중 하나이다.
- 고추는 조미료로 쓰이는 건고추와 생식용으로 쓰이는 풋고추로 나누어지지만 옛날에는 주로 건고추의 이용이 대부분을 차지했다.

표 1. 연도별 고추 재배 면적 및 생산량

연 도	재배 면적(ha)	생산량(백톤)	전체 채소 면적에 대한 비율	가격(원/kg당)
1961~1965	17,277	398	13.0	
1996~2000	76,740	1,950	20.5	7,953
2001	70,736	1,801	19.3	6,453
2002	72,104	1,928	21.6	7,732
2003	57,502	1,320	19.6	9,691
2004	61,894	1,550	20.5	8,091
2005	61,299	1,614	–	8,468
2006	53,097	1,169	–	8,468
2007	54,876	1,604	20.0	8,972
2008	48,825	1,235	18.5	8,349
2009	44,817	1,173	–	9,498
2010	44,584	954	–	13,801
2011	42,574	–	–	–

※ 가격은 당년 8월부터 익년 7월까지의 월평균 가격임.

- 건고추 재배 면적은 '80년대 이후 점차 감소하는 추세이다. '80년대 초 120,853ha까지 확대되었으나 '06년에는 53,097ha로 축소

되었다. 풋고추의 재배 면적은 꾸준히 증가하는 경향으로 '90년대 초 3,660ha였으나 '06년에는 5,606ha로 생산량도 지속적으로 증가하고 있다.

- 전체 고추 재배 면적은 '11년 42,574ha로 '10년 대비 2,010ha(4.5%) 감소하였으며, 재배 면적이 가장 많은 곳은 경북지역으로 '11년에 10,089ha였다. 고추는 노동력이 많이 필요한 작물이나 농촌인구 고령화 및 노동력 부족으로 재배면적이 지속적으로 감소하고 있으며, 또한 단위면적(10a)당 소득이 감소함에 따라 재배면적이 줄어들고 있다.

표 2. 지역별 고추 생산 면적 추이 (단위: ha)

	2007 재배면적(A)	2011 재배면적(B)	증 감 (B−A)	%
전 국	54,876	42,574	−12,302	−22.4
서 울	25	8	−17	−68.0
부 산	52	58	6	11.5
대 구	160	160	0	0.0
인 천	677	552	−125	−18.5
광 주	152	116	−36	−23.7
대 전	114	92	−22	−19.3
울 산	205	169	−36	−17.6
경 기	3,881	3,129	−752	−19.4
강 원	3,522	3,016	−506	−14.4
충 북	7,142	4,588	−2,554	−35.8
충 남	5,754	4,428	−1,326	−23.0
전 북	6,839	5,432	−1,407	−20.6
전 남	9,284	7,265	−2,019	−21.7
경 북	14,761	10,896	−3,865	−26.2
경 남	2,275	2,628	353	15.5
제 주	33	37	4	12.1

출처: 통계청(2011)

2. 유기농 고추 재배 현황

- 전체 유기인증 농산물 재배면적은 꾸준히 증가하여 '01년 450ha에서 '11년 13,376ha까지 증가하였다.
- 유기농 채소 생산량은 '09년 54,068톤으로 전체 유기인증 농산물 생산량 108,810톤 중 약 50%로 가장 많은 양을 차지하고 있다.
- '09년 유기인증을 받은 고추 재배농가는 941농가로 231ha를 재배하였으나, '11년에는 3,136농가가 241ha에서 유기인증을 받아 고추를 재배하고 있다.
- '11년 친환경 고추 재배면적은 2,286ha로 유기인증은 241ha, 무농약은 919ha, 저농약은 1,126ha이다.
- 지역별 유기재배 고추의 인증면적은 '11년도의 경우 아래 그림과 같이 경상북도(442ha)가 가장 크고 다음은 강원도와 전라북도 순이었다.

'11년 지역별 고추 유기재배 인증면적(ha)

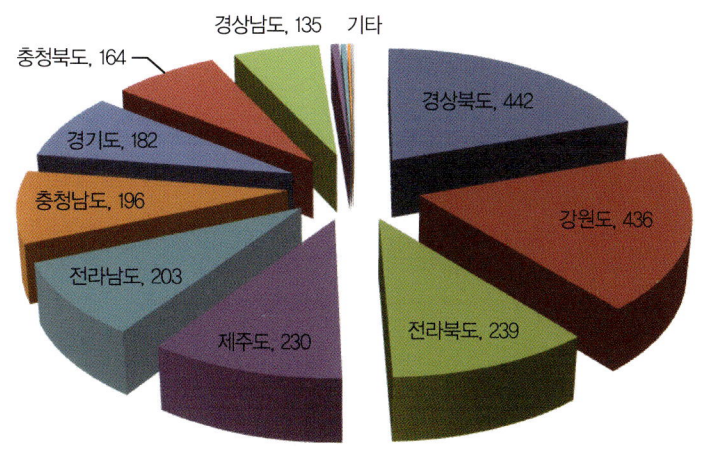

경상남도, 135 기타
충청북도, 164
경기도, 182
충청남도, 196
전라남도, 203
제주도, 230
경상북도, 442
강원도, 436
전라북도, 239

Ⅲ. 재배 품종

1. 유기재배를 위한 고추 품종의 선택기준

✚ 병해충 저항성 품종 선택

- 유기농 고추 재배에서 병해충의 효과적인 방제는 가장 중요한 성공요인이다.
- 최근 역병과 바이러스에 대해 복합내병성 품종들이 개발되고 있다.
- 주요 병해인 탄저병과 흰가루병, 세균성반점병은 아직 저항성 품종이 개발되지 않아 재배방법을 통한 회피나 유기농자재를 이용한 방제를 통해서 발생을 줄여야 한다.
- 또한 주요 해충에 저항성인 고추품종도 아직 개발되어 있지 않으므로 해충 기주선호도에 따라 해충발생이 적은 품종을 선택하여 재배하여야 한다.

✚ 숙기 및 초형에 따른 품종 선택

- 고추는 숙기에 따라 조생종, 중생종, 만생종으로 구분한다.
- 조생종은 5월 상순에 정식하여 7월 중순부터 수확이 가능하며 중생종은 7월 하순, 만생종은 8월 상순부터 수확이 가능하다(중부지방).
- 일반적으로 조생종은 초기수량은 많으나 후기 수량이 적고 만생종은 초기 수량이 적은 편이다.
- 병해충의 발생시기를 회피하기 위해 조생종 품종을 재배함으로써 후기 탄저병과 바이러스 발생을 최소화 할 수 있다.
- 초형은 품종에 따라 입성, 반개장형, 개장형으로 구분하는데 초형

이 입성인 품종(천하통일 등)들은 통기성이 좋아 탄저병 발생이 적은 편이다.

✚ 생리적 특성이 좋은 품종 선택

- 유기농 고추재배에서 가장 큰 생리장해는 석회결핍 증상으로 한번 발생하면 치료가 어렵기 때문에 석회결핍에 안정된 품종을 선택하는 것이 중요하다.
- 건고추의 경우 매운맛이 적당하고 착색기간이 빠르며 고춧가루가 많이 나오는 품종을 선택해야 한다.
- 풋고추의 경우 낮은 온도나 햇빛이 부족할 경우에도 개화가 좋아 석과가 적고 저온신장력이 있는 품종이어야 한다.

✚ 소비자 기호에 적합한 품종 선택

- 소비자들은 건과의 색소가 높고 광택이 있으며 쭈그러지지 않는 고추를 선호한다. 매운맛은 소비자의 선호도에 따라 품종을 선택하면 된다.
- ※ 원예적 성질이 좋은 품종이라고 판단될지라도 한 품종을 재배하는 것보다는 두 품종 정도를 재배하는 것이 안전하다.

- PR대촌: 숙기가 비교적 빠르며 초형은 반개장형이고 역병과 바이러스(CMV: Cucumber Mosaic Virus, 오이모자이크 바이러스)에 강하다. 과장이 큰 대과종(17cm 내외)으로 매운맛이 있고 건과품질이 우수하며 수량성이 높다. 생리적 장해에 비교적 안정하나 열과 현상이 일부 일어난다.

- PR마니따: 숙기는 중생종이며 초형은 반개장형으로 역병과 바이러스(CMV)에 강하다. 과는 대과종(16cm 내외)이지만 과경이 가늘어 건고추와 물고추 겸용품종으로 건과품질은 우수하다. 생리적으로 비교적 안정되나 열과 현상이 있으며 칼슘 결핍증상도 일부 발생한다.

- 천하통일: 숙기는 보통이며 대과종으로 바이러스(CMV)에 저항성이 있다.

- PR천명: 숙기는 비교적 빠른 중조생이며 초형은 반개장으로 우수하고 역병과 바이러스(CMV)에 강하다. 과는 대과종(16cm 내외)으로 매운맛이 있으며 건과품질이 우수하고 수량성이 높다. 생리적 장해에 안정되어 있어 재배 안정성이 높다.

- 국립농업과학원에서는 2년 동안('08~'09년) 강원도와 경기도 2개 지역에서 국내 시판 47개 고추 품종의 각종 병해충에 대한 포장저항성 등 12개 재배적 특성과 수량 및 품질 등 5개 원예적 형질을 종합적으로 평가하여 아래와 같은 품종들이 유기농재배에 상대적으로 우수한 것으로 평가하였다.

표 3. 유기농 재배에 적합한 고추품종의 주요 특성

품종명	주요특성	품종군
PR대촌	바이러스저항성(Rr), 역병저항성, 극대과종(16.8m), 조숙, 신미 강, 수량성 우수, 건과품질 우수	복합내병계
PR마니따	바이러스저항성(Rr), 역병저항성, 대과(16.0cm), 조숙, 신미 강, 수량성 우수, 건과품질 우수	복합내병계
천하통일	바이러스저항성(Rr), 대과종, 중생종, 신미강, 건과품질 우수, 과형 우수	바이러스내병성계
신옥동자	바이러스저항성(Rr), 극대과종(17.0cm), 조숙, 신미 중강, 수량성 우수, 과형 우수, 건과품질 우수	신품종 개발 조합
신독불장군	바이러스중강저항성(Rr), 역병 저항성, 중대과(15.4cm), 조숙, 신미 강, 과색 연두색	신품종 개발 조합

Part 02

•

육
묘

Ⅰ. 육묘 기술

1. 육묘의 조건

- 육묘장: 유기재배 육묘장은 반드시 유기인증을 받은 곳이어야 한다.
- 상토: 유기상토로 주요 영양분을 충분히 가지고 있어야 한다.
- 종자: 유기종자의 사용이 원칙이나 현실적으로 유기종자의 구입이 어려운 경우 화학적으로 처리되지 않은 종자사용을 허용한다.
- 영양 관리: 유기자재에 의한 영양공급이 이루어져야 한다.
- 병해충 방제: 화학적인 방법을 배제하고 방제를 해야 한다.

2. 육묘의 장단점

- **장점**
  - 정식에 따른 시간과 노동력을 절감할 수 있다.
  - 뿌리 손실을 감소시킬 수 있다.
  - 규격 생산이 가능하다.
  - 대량 생산이 가능해진다.
- **단점**
  - 생산계획 및 재배에 많은 주의가 필요하다.
  - 겨울철 난방비용이 증가한다.
  - 노동력 절감을 위한 기계화(자동화)와 숙련된 작업자가 필요하다.

Ⅱ. 상토

1. 유기상토의 구비조건

- 고추 육묘에 필요한 상토의 조건은 다음과 같다.
  - 상토는 배수성, 통기성, 보수성이 좋아야 한다.
  - 고추의 생육에 적절한 pH(5.8~6.5)를 가진 상토가 적당하다.
  - 상토는 고추 생육에 적절한 근권 환경을 만들고 물리 화학성이 좋으며 내구성을 지녀야 한다.
- 육묘용 상토는 다양한 재료들을 혼합하여 만들 수 있지만 유기상토의 재료들은 선택하기 전에 다음 사항을 고려해야 한다.
  - 상토재료는 종류에 따라 재이용이 가능한 것은 회수할 수 있어야 한다.
  - 상토재료는 자연에 풍화 · 분해되어 쓰레기를 발생시키지 않고 농경지 등의 재배 환경을 손상시키지 않아야 한다.
  - 악취 · 오염 등이 없이 작업자가 쾌적하게 작업할 수 있어야 한다.
  - 화학비료와 합성물질을 첨가한 상토는 유기농업에서 이용할 수 없다.

표 1. 일반상토의 주원료 (상토연구, 2006)

구 분	수입 원료	국내산 원료
식물성	코코피트, 토탄, 피트모스	왕겨숯, 왕겨
광물성	버미큘라이트, 펄라이트	제올라이트, 규조토, 마사, 황토

● 시판상토는 화학비료가 첨가되지 않아야 하며 개봉한 것은 그 작기에 모두 사용하여야 한다. 부득이하게 남은 상토는 오염된 퇴비나 흙이 섞이지 않도록 따로 보관하고, 침수 되거나 오염된 물이 흘러들어가지 않게 보관한다.

2. 유기상토의 자재와 특성

✚ 흙

- 토양전염병이나 해충이 의심될 경우 태양열 등으로 소독하고 전염 원의 유입을 예방한다.
- 주재료로서는 밀도가 높은 단점이 있다.

✚ 모래

- 굵은 모래가 공극의 증가를 위해 좋다.
- 혼합된 성분 중 무게가 가장 무겁기 때문에 식물을 지지하는 데 중 요한 역할을 한다.

✚ 퇴비

- 유기재배 농가들이 가장 일반적으로 이용할 수 있는 자재이다.
- 퇴비의 질은 만드는 방법과 재료에 영향을 받으므로 양질의 재료 를 혼합하는 것이 중요하다.
- 퇴비 시용 전 적어도 6개월 이전에 만들어 놓는다.
- 대부분의 경우 상토의 20~30%만을 이용하고, 모를 크게 키우는

경우 50%까지 혼합할 수 있다.
- 퇴비 속에는 병원성 미생물이 존재하지 않아야 한다.

✚ 피트모스(Peat Moss)
- 수분과 공기를 다량 보유하며 분해속도가 느리다.
- 일반적으로 강산성(pH 3.5~4.0)이므로 pH를 맞추기 위해 석회석 등을 이용한다.
- 피트모스에는 화학비료들이 첨가된 경우가 많으므로 이를 확인 후 이용한다.

✚ 부숙 소나무 수피(Composted Pine Debris)
- 리그닌 함량이 많으며 상토를 가볍게 하고 토양 내 공기가 차지하는 분량을 증가시켜 수분 보유력을 감소시킨다.
- 피트모스 대신 이용할 수 있고, 질소함량이 낮으므로 상토로 이용할 때는 질소 성분이 많은 유기자재를 추가해야 질소결핍 증상을 해결할 수 있다.

✚ 질석(버미큘라이트)
- 토양에서 물과 영양 성분을 흡착하고 칼슘과 마그네슘을 함유하여 pH는 거의 중성이다.
- 입자 크기가 큰 것은 노숙묘를 위한 상토에 이용하고 중간 크기의 것들은 새로 파종하는 상토에 이용한다.

✚ 펄라이트
- 화산암으로 가열 시 팽창하여 가벼운 하얀 입자가 된다.

- 펄라이트는 통기성을 향상시키며 배수성을 양호하게 해 준다.

✚ 팽연 왕겨

- 일반 왕겨를 고온에서 팽창시켜 조직이 부드럽다.
- 일반 왕겨의 5~6배, 톱밥의 2배 이상의 물을 흡수한다.

✚ 톱밥

- 삼목, 호두나무, 미국삼나무의 톱밥은 식물체에 독성을 나타내므로 상토 재료로 사용할 수 없다.
- 가공처리 되거나 색이 칠해진 목재의 톱밥은 유기상토 재료로 사용될 수 없다.

✚ 석회고토

- pH를 교정하고 영양공급을 위해 이용한다.
- 생석회나 수산화칼슘은 유기상토의 재료로 이용될 수 없다.

✚ 그 외의 유기자재

- 상토 내에 미생물이 충분히 존재하지 않을 수 있으므로 분해가 늦은 유기질자재를 이용하는 것은 좋지 않다.

표 2. 팽연 왕겨를 이용한 유기상토 배합 조성 예

구 분	유기상토별 원자재 배합비율(%)					
	피트모스	질 석	제올라이트	펄라이트	팽연 왕겨	합 계
유기상토 A형	50	5	10	15	20	100
유기상토 B형	0	30	10	20	40	100

※ 수입자재인 피트모스 대신 팽연 왕겨를 사용하여 유기 상토를 제조할 수 있다.
출처: 한경대학교('08)

······ 육묘상토 활용 시 주의사항 ······························

● 공극률이 매우 적은 육묘상토는 작은 용기에 사용할 경우 생육이 저하될 수 있다.
● 다른 상토재료를 임의로 혼합하는 경우 병원균의 오염 및 상토의 균일성이 저해되는 경우가 있다.

Ⅲ. 파 종

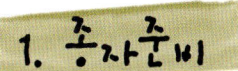

✚ 유기종자

- 유기농업에서는 합성화학 물질의 사용이 금지되므로 유기종자를 사용하는 것이 원칙이며 GMO종자나 화학적으로 처리한 종자를 사용해서는 안 된다. 그러나 대부분의 유기채소 재배농가에서 유

기종자를 구할 수 없었기 때문에 예외조항이 있어 화학적으로 소독된 종자를 사용하였다. 하지만 앞으로는 국내외적으로 이들 종자의 유기재배가 제한될 가능성이 높다.

✚ 종자소독(온탕침지법)

- 유기농업에서 활용할 수 있는 종자소독 방법으로는 온탕침법, 냉수온탕침법, 건열처리 등 물리적 방법이 있는데, 온탕침법이나 건열처리를 할 때는 열로 인해 종자의 발아율과 활력이 억제될 수 있으므로 적절한 처리 온도와 시간을 준수해야 한다. 온탕침지를 통해 소독된 종자들은 유해 미생물이 억제되어 발아와 생장이 다소 증가된다.

- 고추종자를 멸균한 거즈에 싸서 미리 준비 된 50℃의 물에 25분 동안 침지 처리한다.

- 처리시간이 끝난 종자는 수조에서 꺼내 차가운 살균수에 담가서 반응을 멈추게 한다.

※ 물의 온도가 55℃ 이상의 경우 발아와 뿌리생장을 억제할 수 있으니 주의해야 한다.

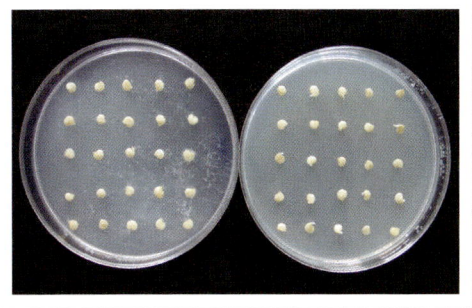

온탕침지 소독효과 (좌: 무처리, 우: 처리)

소독 후 발아율 증가 (좌: 무처리, 우: 처리)

2. 파종요령

✚ 싹틔우기

- 30℃ 내외의 미지근한 물에 5~6시간 정도 담가 종자를 충분히 불린다.
- 종자를 천에 싸 공기가 잘 통하고 수분이 부족하지 않도록 하여 28~30℃에서 싹틔우기를 한다.

✚ 파종 및 복토

- 모래나 상토를 균일하게 깐다.
- 6~8cm 간격으로 얕은 골을 만들고 종자를 0.5~1cm 간격으로 줄뿌림한다.
- 고운 강모래나 굵은 입자의 질석을 종자 길이의 2배 정도로 덮어준다.
- 물을 충분히 준 다음 25~30℃의 온도로 균일하게 유지해준다.

Ⅳ. 육묘 관리

1. 양분 관리

- 육묘 시 양분은 액비나 엽면시비 등으로 공급할 수 있다.
- 육묘기에 영양이 부족하게 되면 생육이 저해되고, 정식 후에 뿌리 내리기도 어려우며 꽃눈의 형성과 발육이 나빠진다.
- 상토 조제 시 충분한 양의 양분을 고르게 넣어야 하며 육묘일수가 길어지거나 양분이 부족할 경우 액비 등을 공급해 주어야 한다.
- **영양별 공급원**
  - 질소: 혈분, 목화씨 분말, 우모분, 제각분, 콩가루, 축분
  - 인산: 골분, 새우 부산물, 제당 부산물, 인광석
  - 칼륨: 녹사, 화강암 가루, 콩가루, 감자껍질의 회, 나뭇재

2. 물·광 관리

✚ 물주기

- 물을 너무 많이 주면 웃자라서 발병을 초래하고 부족하면 굳어져 생육이 억제된다.
- 물주는 작업은 11시에서 오후 1시 사이 기온이 상승했을 때 하며, 수온은 20℃ 정도가 좋다.
- 한 번에 뿌리 밑까지 젖도록 충분히 주며 저녁때 모판의 상토 표면이 하얗게 말라 있는 정도가 좋다.

+ 광 환경 관리

- 일조량이 부족하면 착과 절위가 상승하고 꽃수가 감소하며 꽃의 소질이 나빠지므로 채광과 통풍에 신경을 써야 한다.
- 저온기 육묘에서는 하우스의 골재율을 최대한 낮추고, 광선투과율 이 좋으며 물방울이 맺히지 않는 피복자재를 이용한다.

3. 육묘시기별 관리

씨 뿌리기

옮겨심기

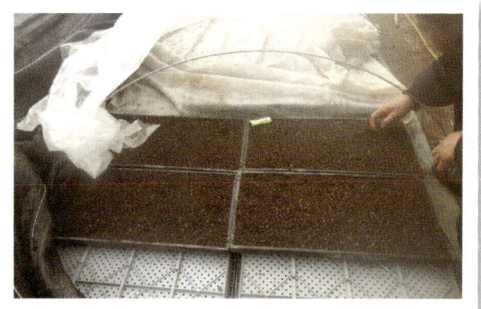 

✚ 옮겨심기

- 본엽이 2매 정도 전개됐을 때 옮겨심기를 한다.
- 옮겨심은 후 초기에는 온도를 약간 높게 관리한다(낮 27~28℃, 밤 24~25℃).

✚ 육묘 중기

- 낮 온도는 25~28℃, 밤 온도는 육묘 전반에는 15℃, 후반에는 12℃ 정도를 유지한다.

✚ 육묘 후기

- 광을 충분히 받게 하고 양분이 부족하지 않도록 한다.
- 아주심기 할 포장의 온도와 비슷하게 맞추어 관리한다.

4. 모 굳히기 (경화)

- 아주심기를 할 시기가 가까워지면 외부환경에 알맞게 모 굳히기를 하는데, 터널재배의 경우 4월 하순경에 아주심기를 하므로 모 굳히기가 꼭 필요하다.
- 육묘상의 보온덮개를 걷어주고 점차 하우스 측면 비닐을 걷어 올려 외부환경과 같은 상태로 해준다.
- 아주심기 전날에 육묘판에 물을 충분히 주어 모종을 채취하기 쉽도록 한다.

Part 03

·

토양 및 양분 관리

Ⅰ. 토양 관리의 원칙

1. 유기농산물 생산의 목표

- 생태계 보존, 토양비옥도 및 종의 다양성을 유지한다.
- 토양 및 양분 유실의 최소화를 통한 농업생태계의 지속성을 확보한다.

2. 유기농 토양 관리의 목표 및 원칙

- **목표**
  - 토양의 생태학적 건전성과 유기농업 생산의 지속성을 유지한다.
- **원칙**
  - 영농활동을 통한 환경적·생태적 교란을 최소화한다.
  - 농업생태계 내의 자원 활용을 통한 순환기능을 강화한다.
  - 농업생태계의 생물학적 다양성을 유지 및 증진시킨다.
  - 토양 및 양분의 유실을 방지한다.
  - 토양비옥도를 유지 또는 증진시킨다.

3. 토양 관리방법

- 윤작, 간작 등을 포함한 작부체계를 실천한다.
- 녹비작물 및 피복작물을 재배한다.
- 작물 수확 후 남은 식물체(작물잔사)를 순환시킨다.
- 유기농·축 부산물을 활용하여 유기물을 공급한다.
- 재배적 방법을 통한 토양 보존 및 토양오염 관리를 실시한다.
- 기타 허용자재를 이용하여 토양 및 양분을 관리한다.
  - ※ 미생물, 동식물을 원료로 하여 제조되어 사용이 허용된 자재는 보조적으로 이용한다.

Ⅱ. 토양 조건

1. 고추 재배에 적합한 토양의 물리적 성질

표 1. 고추 재배에 적합한 토양의 물리성

지 형	경사도	토 성	토 심	배수성
평탄지~산록경사지	7% 이하	양토~식양토	100cm 이상	양호~약간 양호

출처: 농촌진흥청, 작물별 시비처방기준('10)

- 고추는 토양에 대한 적응성이 넓은 편이다.
- 물과 양분을 보유할 수 있는 양토 또는 식양토가 유리하다.

- 습해 및 건조해에 약하므로 보수력과 배수성이 양호한 토양이 좋다.
  - 뿌리가 주로 표토 부근에 분포하는 천근성 작물인 고추는 한발에 약하므로 건조가 계속되면 적정량을 관수한다.
- 토심이 깊고 지하수위가 낮은 토양이 적당하다.
  - 거친 유기물을 시용하거나 깊이갈이하여 이랑을 높게 해주는 것이 좋다.

2. 고추 재배에 적합한 토양의 화학적 특성

표 2. 고추 재배에 적합한 토양의 화학성

pH (1:5)	OM (g/kg)	Av. P$_2$O$_5$ (mg/kg)	Ex. (cmol$^+$/kg)			CEC (cmol$^+$/kg)	EC (dS/m)
			K	Ca	Mg		
6.0~6.5	25~35	450~550	0.70~0.80	5.0~6.0	1.5~2.0	10~15	2 이하

출처: 농촌진흥청. 작물별 시비처방기준('10)

- 토양 산도는 민감하지 않으나 pH 6.0~6.5 정도가 적당하며, pH 5 이하의 산성토양에서는 생육이 불량하고 역병의 발생이 증가하므로 석회를 시용하여 산도를 조절한다.
- 전기전도도(EC: Electric Conductivity)
  - 농도장해가 발생되면 작부체계 변경, 윤작실천, 담수에 의한 염류제거, 객토, 깊이갈이, 흡비작물을 이용한 제염 등 적극적인 대책을 강구해야 한다.

3. 고추의 양분공급량

- 고추 재배 시 표준시비량은 아래의 표와 같으나 유기농업에서는 화학비료를 사용할 수 없으므로 녹비 및 허용자재를 통하여 필요 양분의 양을 조절하여 사용한다.
- 표준시비량은 농경지의 대표 토양에 대하여 설정된 평균 시비량이므로 재배 포장의 토양을 검정하여 양분요구량을 결정하는 토양검정시비량이 더욱 권장하는 방법이다.
- 석회는 200kg/10a 또는 토양검정에 의한 석회 중화량을 시용한다.
  ※ 시군농업기술센터에서 토양검정 후 시비량을 추천받으면 된다.

표 3. 작형별 고추의 표준시비량 (성분량: kg/10a)

구 분	질 소(N)	인 산(P)	칼 리(K)
노지 재배	22.5	11.2	14.9
시설 재배	19.0	6.4	10.1

※ 퇴구비 시용량은 퇴구비 중 가장 많이 함유된 성분을 기준으로 하여 표준시비량 또는 토양검정시비량만큼 을 시용하고 부족한 성분을 허용자재를 이용하여 보충한다.

4. '흙토람'을 활용한 고추 재배적지 선정방법

- 흙토람: 작물 생육에 적합한 토양 특성에 대한 정보를 알려주는 인터넷 토양 정보시스템이다.

- **고추 재배적지 확인방법**
  - 흙토람 홈페이지(http://soil.rda.go.kr/soil)에 접속한다.
  - 재배희망 지역과 작물 중 고추를 선택하여 검색한다.

흙토람을 이용한 고추 재배적지 확인

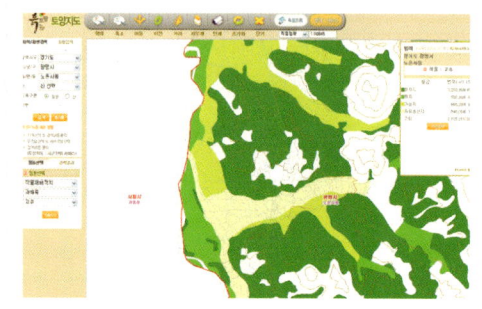

Ⅲ. 토양유기물 관리

1. 토양유기물의 기능

- **물리적 기능**
  - 보수력 증가, 입단 형성, 공극률 증가, 지온 상승, 토양의 유실 및 침식을 방지하는 기능이 있다.
- **화학적 기능**
  - CEC(Cation Exchange Capacity, 양이온 치환용량) 및 보비력 증가, 완충능 증대, 인산 유효도 증가, 양분 가용화 등의 기능이

있다.

- **토양미생물학적 기능**
  - 미생물 활성 증진, 호르몬 · 비타민 등 생육촉진물질 공급 등의
    기능이 있다.

2. 유기자원의 C/N율^(탄질률)

- C/N율: 톱밥 680, 수피 170, 볏짚 67, 쌀겨 23, 부식산 58, 알팔파
  13, 유박 7.8
- 유기물의 C/N율이 높은 경우 미생물과의 질소경합으로 작물의 질
  소결핍이 초래되는 질소기아 현상이 발생하지만 C/N율이 낮은 경
  우 질소의 무기화가 촉진된다.
- C/N율이 낮은 헤어리베치 녹비 및 유기질비료의 경우 양분공급효
  과가 우수하였다(국립농업과학원, '04).

3. 토양유기물 유지방법

- 녹비 및 양질의 유기물(퇴구비)을 적절하게 사용하고 작물잔사는
  반드시 토양에 환원한다.
- 윤작을 실천하고 멀칭 또는 피복작물을 재배하며 초생 또는 등고
  선재배 등으로 토양침식을 방지하고 토양유기물을 보존한다.
- 석회를 시용하여 토양산도를 교정하고 과다한 경운을 피한다.

Ⅳ. 토양오염 관리

1. 농경지 토양오염의 주요 원인

- 관행농경지의 화학비료 오남용 및 축산농가로부터 오염원이 유입 되거나 가축분뇨 등의 과다한 시용으로 인하여 토양에 염류집적이 될 수 있다.
- 중금속이 오염된 폐자재, 폐광산 인근의 농경지 및 토양유실로 인 하여 중금속에 오염될 수 있다.
- 관행농경지에서 농약이 비산되어 오염될 수 있다.

2. 토양오염에 대한 방지대책

- 가축분뇨를 너무 많이 시용하지 않는다.
- 인근 토양오염이 우려되는 관행농경지와 격리된 조건이어야 한다.
- 원료의 확인이 어려운 폐자재와 오염된 폐수를 사용하지 않는다.
- 중금속 오염지에서는 작물을 재배하지 않는다.
- 초생대, 완충지대, 배수로 등 오염원 유입 차단시설을 설치한다.

V. 윤작

1. 토양보전과 양분공급을 위한 윤작체계

- 질소의 지속적인 공급을 위하여 엽채류와 같이 질소요구도가 큰 다비성 작물과 질소고정 작물(콩과)을 배치한다.
- 유기물의 지속적인 공급을 위하여 생체량이 많은 수단그라스와 같은 작물을 포함한다.
- 양분요구도가 낮은 근채류는 과채류 재배 후에 토양 내 잔존하는 양분을 이용할 수 있도록 배치한다.
- 윤작체계 결정 시 가능하면 3년 재배기간 동안 적어도 한 번은 녹비작물이 재배되도록 배치한다.
- 토양양분의 순환을 도모하기 위하여 심근성 작물과 천근성 작물을 윤작체계에 배치한다.
- 토양의 물리적 성질을 개선하기 위하여 호밀과 같이 뿌리생체량이 많은 작물을 윤작체계에 배치한다.
- 토양보존용 피복작물을 주작물 사이에 넣어 5년 정도의 윤작체계에 포함한다.

2. 병해충·잡초 관리를 위한 윤작체계

- 잡초제어를 위하여 타감작물(화본과: 헤어리베치, 호밀 등)과 비타감작물을 교대로 배치한다.

- 특정 병원균의 기주가 되는 동일과의 작물은 연속재배를 회피한다.
- 토양 병해충의 방제를 위하여 십자화과(갓, 유채 등)와 같이 생물 훈증(Biofumigation)[1] 효과가 있는 작물을 윤작체계에 포함한다.
  ※ 현장 적용 시에는 수익성, 지속성, 실용성 등을 고려해 윤작체계를 변형할 수 있다.

Ⅵ. 녹비작물의 이용

1. 녹비작물의 효과

✚ 토양물리성 개선

- 토양의 입단화를 촉진하여 토양개량효과를 높인다.
- 녹비를 공급함으로써 토양의 통기성과 보수력을 좋게 한다.

✚ 토양화학성 개선

- 토양에 섞인 녹비작물은 미생물에 의해 분해되어 부식되고 작물양분을 보유할 수 있는 능력이 증대된다.
- 토양에 집적된 염류를 녹비작물이 흡수하여 추출함으로써 염류집적을 방지한다.
- 콩과 녹비작물은 근균류의 활동으로 공기 중의 질소를 고정하여

----

1 십자화과 등의 식물이 토양 내에서 분해되는 과정에서 발생하는 성분이 토양 병해충에 대한 억제효과를 보이는 사례가 있으며, 이러한 작물들을 이용해 토양을 훈증하는 방법이다.

토양을 비옥하게 한다.

✚ 토양생물성 개선

- 토양미생물 활성이 촉진되어 미생물의 다양성 및 밀도가 증가한다.
- 녹비의 셀룰로스, 리그닌, 펙틴 등을 분해하는 유용미생물이 늘어난다.
- 녹비작물을 윤작체계에 도입하면 기지현상(忌地現象, Sickness of Soil)이 예방되고 선충 및 토양병해 등 특정 병원균의 증식을 억제하는 효과가 있다.

✚ 기타

- 녹비작물은 푸른 들과 아름다운 꽃을 제공하여 주위의 경관을 좋게 해준다.
- 녹비작물이 표토를 피복하여 토양유실 및 침식을 예방할 수 있다.
- 녹비작물이 타감물질(Allelochemical)을 분비하고, 토양 전면을 덮어 표토 피복률을 증가시킴으로써 잡초의 발생을 억제한다.
- 십자화과 녹비작물의 경우 토양 병해충에 대해 생물훈증 효과를 갖는다.

2. 녹비작물의 활용

- 특정 지역과 시기에 가장 잘 자라는 품종을 우선 이용한다(표 4 참조).
- 녹비작물은 개화 직전에 체내 영양분이 최대가 되므로 이때 갈아엎는 것이 이상적이지만, 고추의 정식시기를 고려하여 결정한다.

※ 헤어리베치: 5월 상순~중순, 호밀: 출수기 이전

- 녹비의 토양 환원 전에 석회석, 천연석고, 가용성 인광석, 퇴비와 미생물제 등을 처리할 수 있다.
- C/N율이 높은 화본과 녹비작물의 경우 가급적 잘게 잘라 갈아엎을수록 환원 후 분해가 빠르다.
- 녹비가 분해되기 시작하면 양분 손실을 최소화하기 위해 즉시 주작물을 심는다.
- 토양에 환원된 녹비가 무기화 과정을 거치기 위해서는 녹비작물별 C/N율에 따라 차이는 있으나 따뜻한 지역은 적어도 2주, 온도가 낮은 지역은 4주 정도의 기간이 필요하다.
- 콩과 녹비작물은 습해에 약하므로 배수가 불량한 토양에서는 배수로 정비를 철저히 해야 한다.
- 화본과 및 콩과작물을 혼파 또는 교호로 조파하는 것이 고추의 초기 생육 및 후기 양분 관리를 위하여 좋다(국립농업과학원, '06).

표 4. 주요 녹비작물의 재배적 특징

작 물	호 밀	자운영	헤어리베치	크로탈라리아
파종시기	10월 이후	9월	8월~9월	5월~8월
월동형	동계 월동	동계 월동	동계 월동	하 계
내한성	강	약	강	약
재배 가능지역	전 국	대전 이남	전 국	전 국
내습성	중	중	약	중
분해속도	느 림	중 간	빠 름	빠 름
녹비효과	물리성 개선	미생물상 개선 및 질소공급	미생물상 개선 및 질소공급	선충방지 및 질소공급

3. 녹비작물의 종류

✚ 콩과작물

- 헤어리베치, 자운영, 클로버, 크로탈라리아(네마장황, 네마황) 등이 있다.
- 공중질소를 고정함으로써 질소성분을 공급하는 최선의 방법이다.
- 분해가 빨라 후작물이 양분을 쉽게 이용할 수 있다.

✚ 화본과작물

- 호밀, 수단그라스, 보리 등이 있다.
- 양분 흡수능력이 뛰어나 시설 재배 염류집적지 토양양분 조절에 효과적이다.
- 환원 가능한 유기물이 많아 토양유기물 함량을 증가시키고 토양의 물리성 개선효과가 크다.

✚ 십자화과 작물

- 갓, 유채 등이 있다.
- 녹비효과와 토양병원균 및 토양유래 해충의 제어를 위한 생물훈증 효과가 있다.

4. 주요 녹비작물의 이용

✚ 헤어리베치(털갈퀴덩굴)

• 특성

- 헤어리베치를 녹비로 토양에 환원할 경우 유기농 고추 재배 시 필요한 질소의 대부분을 충당할 수 있다(질소 성분량: 약 20kg/10a).
- 배수가 양호한 사토~사양토에서 생육이 좋으며, 습해에 약하여 식질계 토양에서는 생육이 불량하다.
- 탄질률이 10 정도로 낮아 분해속도가 빠르다.
- 내한성과 건조에 견디는 힘이 강하다.
- 토양유실방지 및 잡초발생 억제효과가 커서 피복작물로 활용성 이 크다.
- 봄철에는 보라색의 꽃이 아름다워 경관작물로 좋다.

헤어리베치

헤어리베치 종자

- **파종기**
  - 적정 파종기는 9월 상순~10월 상순(남부지방)이며, 최소한 10월 상순까지는 파종하여 월동률을 높인다.
  ※ 10월 1일 파종 시 녹비질소 공급가능량: 15~16kg/10a(농촌진흥청 표준영농교본, 콩과 녹비작물 재배와 이용 참조)
  - 고추 수확 후 로터리 파종 또는 최종 수확 전에 이랑 또는 고랑에 파종한다.
  - 파종시기가 늦어지면 발아일수가 많이 소요되며 발아율 및 월동률이 저하되므로 주의한다.
- **파종량:** 3~5kg/10a
  - 파종시기가 늦어지면 발아율이 저하되므로 파종량을 늘린다.
  - 발아온도는 약 21℃이며, 발아일수는 14일 정도이다.
  - 재배 지역의 기후 특성, 토양 환경 등이 불리한 조건에서는 파종량을 늘릴 수 있다.
  - 헤어리베치는 포복성 및 덩굴성 작물로 호밀과 같이 혼파하면 호밀줄기를 타고 올라가 수량을 높일 수 있다(헤어리베치 3kg +

호밀 3~5kg/10a).

- **수확**
  - 여름철에 하고현상으로 자연 고사하지만 고추 정식시기를 고려하여 정식 2주 전에 토양에 환원해야 가스피해로부터 안전하다.
  - 정식 전까지 그대로 방치하여 생체피복(Living Mulch)함으로써 잡초의 발생을 줄이는 방법도 있다.

- **토양환원 및 이용**
  - 국내에서 겨울철 녹비작물로 활용성이 높은 품종은 헝빌로사(Hungvillosa)와 오스트사트(Ostsaat) 등이다(국립농업과학원, '05).
  - 고추 재배 전 겨울철 휴한기에 헤어리베치를 윤작함으로써 질소 17kg/10a, 인산 9kg/10a, 칼리 23kg/10a을 공급할 수 있다(국립농업과학원, '05).
  - 헤어리베치를 재배하여 녹비로 활용하고 유기고추를 재배한 결과 관행대비 질소, 인산, 칼리 투입량을 각각 88%, 74%, 34%로 경감시켜 효율적인 양분관리가 가능하였다(국립농업과학원, '05).
  - 헤어리베치는 가축분뇨와 양분함량을 비교하여도 질소공급 측면에서 가장 훌륭한 자원이다(농촌진흥청 표준영농교본, 콩과 녹비작물 재배와 이용 참조).
  - 헤어리베치는 분해가 신속히 일어나 장기성 작물인 고추 재배 시 후기 비절현상이 초래될 수 있으므로 유채박을 요구르트로 발효시켜 정식 후 60일경부터 2주 간격으로 8회 토양 관주하였을 때 관행대비 수량을 26% 증가시켰다(국립농업과학원, '08).

  ※ 요구르트 발효액비 만드는 방법은 Part 06 참조.

표 5. 헤어리베치와 가축분뇨의 양분 함량

양 분	헤어리베치 (%)	가축분뇨(건물(%))			
		계 분	돈 분	우 분	가축분 퇴비
질 소	4.0	1.73	0.90	0.41	1.01
인 산	1.0	1.65	1.49	0.56	2.03
칼 리	2.3	0.47	0.19	0.09	0.65

헤어리베치 녹비 재배

액비 관주 장치

✚ 크로탈라리아(Sunn hemp, Crotalaria; 네마장황, 네마황)

- **특성**

  - 초기생육이 매우 빠르고 공중질소를 고정하므로 작물에 질소를 공급할 수 있다.
  - 토양 내 뿌리혹선충, 뿌리썩음선충 등 선충 억제효과가 좋다.
  - 줄기 속이 비어 있어 장기간 재배하여도 딱딱해지지 않고 갈아 엎기 쉽다.
  - 가축독성이 있으므로 가축에게 먹이면 안 된다.
  - 휴경지에 심으면 토양개량과 경관을 아름답게 하여 관광자원으로도 이용할 수 있다.

네마장황

네마장황 종자

- **파종기**
  - 고랭지: 6월 상순~7월 하순
  - 일반지: 5월 중순~8월 중순
  - 제주도: 2월 하순~9월 하순
- **파종량**
  - 10a당 6~8kg 산파
  - 양분이 없는 개간지의 경우 양분요구도 =〉 질소 3, 인산 10, 칼리 10(kg/10a)
- **토양환원 및 이용**
  - 초장 1~1.5m 전후에 갈아엎거나 5~10cm 정도로 잘게 썰어 넣고 갈아엎는다.
  - 후작물 심기 전에 로터리 경운을 2~3회 실시한다.
  - 부숙 기간은 2~3주 이상이다.
  - 네마장황 환원 후 3~5kg/10a 정도의 질소시비량을 줄일 수 있다.

✚ 호밀(Rye)

- **특성**
  - 맥류 중 내한성이 가장 강하여 고랭지 및 중북부 지역의 −25℃ 정도의 추위에서도 재배가 가능하다.
  - 이른 봄의 저온신장성이 우수하여 재배하기 쉽고 겨울철 지표를 피복하여 토양을 보호하며 흡비력이 강하다.
  - 호밀은 지하부에 대한 지상부의 비율(S/R율)이 0.88로 지하부의 생육량이 많으므로 토양의 물리적 성질을 개선하는 데 도움을 준다(국립농업과학원, '05).
  - 호밀은 C/N율이 높아 질소경합으로 인한 질소기아현상이 발생할 수 있으므로 주의한다.

호 밀

호밀 종자

- **파종기**
  - 고랭지: 9월 하순~10월 상순
  - 일반지, 제주도: 10월 중순~10월 하순
  - 최적 발아온도는 25℃이나, 지온인 4~5℃에서도 4일이면 발아

한다.

- **파종량:** 15kg/10a 내외로 산파하거나, 콩과 녹비작물과 혼파한다.
- **토양환원 및 이용**
  - 출수기 직전이 녹비로 환원하기 좋은 시기이며 시간이 경과할 수록 탄질률이 높아져 분해가 느려지게 된다.
  - 고랭지에서 동계 휴한기에 호밀을 재배하여 주작물 재배 전에 토양에 환원처리하거나 호밀잔사로 토양을 피복하면 잡초방제에 효과가 있다. 피복효과는 정식 또는 파종 후 50일까지 지속된다(고령지농업연구소, '06).
  - 고추 재배 전 겨울철 휴한기에 호밀을 윤작함으로써 질소 8kg/10a, 인산 8kg/10a, 칼리 22kg/10a을 공급할 수 있다(국립농업과학원, '05).
  - 호밀을 토양에 환원한 후 분해와 질소 무기화를 촉진시키기 위해 유박, 혈분, 알팔파분 등 질소성분이 다량 함유된 자재를 토양환원과 동시에 살포하면 좋다.
  - 호밀을 단파하는 것보다 헤어리베치와 호밀을 3:1의 비율로 혼파하여 C/N율을 낮추는 것이 더 효과적이다(국립농업과학원, '06).
  - 호밀은 토양에 환원하면 질소기아로 고추 생육초기에 무기태질소의 공급이 원활하지 못하기 때문에 정식 후 활착이 이루어지면 액비를 토양에 관주하여 질소를 공급해 준다.

호밀 단파

헤어리베치+호밀 혼파

✚ 수단그라스(Sudan Grass)

• 특성

  – 전형적인 하계용 1년생 사료작물로 청예용으로 주로 사용하나 최근에는 녹비작물 또는 염류가 집적된 시설 재배지에서 제염작물로 사용이 증가하고 있다.

  – 생육이 왕성하여 토양에 환원 가능한 유기물이 많아 토양개량에 효과적이다.

  – 고온과 가뭄에 강하여 비교적 재배가 용이하다.

  – 초기생육은 다소 느린 편이나 활착된 이후에는 생장속도가 빠르다.

  – 지하수위가 높거나 알칼리 토양에서는 생육이 부진하다.

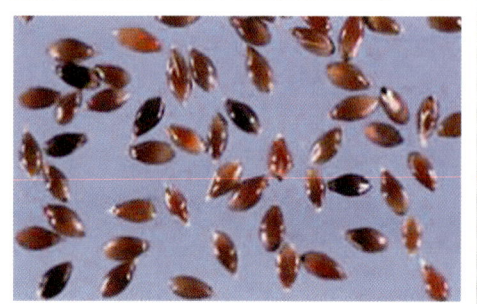

- **파종기:** 평균기온이 15℃ 이상이면 발아되고 여름철 고온기에 적합하다.

- **파종량:** 4~5kg/10a 내외로 산파하거나, 2~3kg/10a 내외로 조파한 후 얕게 복토한다.

- **토양환원 및 이용**

  - 고추재배지 윤작작물로 도입하여 녹비로 이용할 경우 출수 전 예취하여 환원한다.

  - 시설재배 염류집적에서 제염식물로 활용할 경우 60일 이상 재배하여 과잉염류를 충분히 흡수시킨 다음 절단하여 포장에서 제거한다.

  - 수단그라스를 토양에 넣으면 선충 방제에도 효과가 있다.

  - 수단그라스는 하계용 녹비작물로서 고추 재배기간과 겹치기 때문에 고추를 재배하지 않는 해에 재배한다.

  - 시설 재배 연작지에서 수단그라스를 재배한 결과 생초수량은 2.9톤/10a 정도이며 토양 중 염류경감률은 39.1%로 제염효과가 높았다(전라남도 농업기술원, '06).

Ⅶ. 퇴비

1. 개요

✚ 유기농 재배지의 퇴비 이용

- 화학비료대체 유기재배 농작물의 양분공급에 지역순환 유기물을 활용하여 자가제조 퇴비를 이용하는 것이 바람직하다.
- 퇴비는 토양 유기물, CEC, 수분보유량 및 토양 생물활성을 증진시킴으로써 다른 가용성 양분의 이용률을 높인다.
- 잘 만들어진 퇴비는 부식함량이 많고 양분 용탈을 방지하여 양분을 서서히 방출한다.
- 퇴비는 쌀겨와 유박을 혼합하여 제조함으로써 질소와 칼륨 및 인산의 효율적인 양분 공급원으로 이용할 수 있다.
- 퇴비는 처리된 후 작물 생육기간 동안 퇴비 총 질소의 10%, 총 인산의 15%와 총 칼륨의 50%가 방출된다.
- 토양의 조건과 이력에 따라 투입하는 양은 0.5~1.5톤/10a가 될 수 있고, 작물 재배 전 토양에 처리하여 경운하는 것이 좋다.

✚ 퇴비화의 주요 인자

- C/N율
  - 퇴비화 과정 중 탄소는 미생물의 에너지원, 질소는 영양원으로 사용되고, 퇴비의 적합한 C/N율은 30 전후이다.
  - C/N율이 높을 경우 탄소원이 제한요인이 되어 퇴비화가 진행되지 못하거나 지연된다.

- C/N율은 쌀겨, 식물성 유박 등 농산부산물로 조절하여 양질의 유기농 퇴비제조가 가능하다.

- pH
  - pH는 퇴비화 과정 중 미생물 활성에 가장 큰 영향을 미치는 요소 중 하나로 퇴비화에 적합한 pH는 6.5~8.0 정도로 대부분 퇴비원료의 pH도 이 범위에 있다.

- 통기성
  - 퇴비더미 내의 공기 공급은 호기성 미생물의 활성유지에 필수적이며, 퇴비더미의 지나친 온도상승을 억제하는 역할을 한다.
  - 혐기상태를 방지하여 양질의 퇴비를 생산하기 위해서는 최소 2주에 한 번씩 뒤집어 주어 통기성을 향상시켜 주어야 한다.

- 수분함량
  - 퇴비더미의 수분함량은 퇴비화 속도를 지배하는 필수요소이다.
  - 퇴비화에 적합한 수분함량은 50~65% 범위(손으로 쥐어 물이 스며 나오는 정도)이다.
  - 수분함량이 40% 미만이면 분해속도가 저하되므로 수분의 추가 공급이 필요하다.
  - 65% 이상이면 호기성 미생물의 활성이 억제되어 퇴비화가 지연되고 퇴비더미의 혐기상태를 초래하여 악취가 난다.

2. 퇴비의 제조방법

✚ 퇴비의 원료

- 퇴비원료인 유기물은 가격이 저렴하면서 농가단위에서 구입하기 쉽고, 비료적 가치가 높은 유기물 자원이어야 한다.
- 유기퇴비 제조에 사용되는 유기물 원료로는 농산부산물, 수산부산물, 임산부산물, 각종 산야초 및 광물들이 있다.
  - 농산부산물: 볏짚, 팽화왕겨, 버섯 폐배지, 쌀겨, 깻묵, 대두박, 유채박, 피마자박 등
  - 임산부산물: 파쇄목, 나무껍질(수피), 대팻밥, 톱밥, 낙엽 등
  - 산야초: 갈대, 억새, 떡갈나무, 칡잎 등
  - 광물: 인광석, 황산칼리 고토, 석회석, 패화석, 백운석, 제올라이트 등
- 퇴비원료로 사용되고 있는 주요 유기물 자원별 이화학적 특성 및 성분 함량은 (표 6)과 같다.

표 6. 주요 유기물 자원별 이화학적 특성 및 성분 함량(건물 기준)

구 분		pH	EC (dS/m)	OM (g/kg)	T-N (%)	C/N율	P_2O_5 (%)	K_2O (%)
유기물원	볏 짚	6.4	1.86	893	0.67	77	0.28	0.89
	파쇄목	6.3	2.36	930	0.12	450	0.03	0.39
	수 피	4.6	0.51	908	0.31	170	0.52	0.73
	톱 밥	4.9	0.42	939	0.08	680	0.12	0.19
	폐배지	4.9	3.18	926	1.25	43	0.69	0.47
	유 박	5.6	2.95	877	6.50	7.8	3.01	1.36
	쌀 겨	6.1	3.47	907	2.25	23	4.31	2.57
	돈 분	6.1	17.28	782	2.25	20	3.28	1.08
산야초	갈 대	5.7	9.63	895	2.84	18	3.02	1.76
	억 새	6.0	11.40	922	3.58	15	1.87	1.84
	칡 잎	6.2	9.48	916	2.86	19	0.37	2.37
	떡갈나무	4.3	6.64	929	2.37	23	0.88	1.60

✚ 퇴비 제조방법

- 유기퇴비 제조 원료는 유기물 함량이 높고 구입이 용이한 볏짚, 파쇄목, 수피, 대팻밥, 톱밥 등을 주재료로 하고, 질소 함량이 높은 쌀겨, 깻묵 등을 부재료로 혼합하여 사용하면 양질의 퇴비 생산이 가능하다.

- 예전의 유기퇴비 제조방법은 농가에서 발생되는 두엄이나 농산부산물 등을 퇴비장에 쌓아두고 부숙시켜 다음해 농사에 사용하던 전통적인 퇴비화 방식이다.

- 최근에는 이를 개량하여 퇴비장 바닥은 콘크리트, 지붕에는 비가림 시설, 바닥은 공기를 공급할 수 있는 통풍시설을 설치한 간이 퇴비화 시설도 있다.

- 퇴적식 퇴비화 방법의 가장 개량된 형태는 퇴비화 장치로 폭 2.5m × 길이 3.8~5m × 높이 2m의 시설을 만들고 바닥에 공기공급을 위

한 통기장치를 설치한 형태이다.

- 고정통풍식 퇴비화 시설의 장점은 시설규모의 가감이 가능하고 별도의 교반시설이 불필요한 점이다.
- 단점은 퇴비더미를 교반하지 않기 때문에 퇴비더미 내부와 외부의 부숙도 차이가 생기며 특히 공기와 직접 접촉된 하부는 부숙이 완료되기 전에 건조되어 부숙이 일정치 못한 점이 있다.

퇴비 제조 전경

퇴비 뒤집기 작업

✚ 퇴비의 부숙 단계

- **초기단계**
  - 중온성 세균과 사상균이 유기물 분해에 관여한다.
  - 유기물이 분해되면서 퇴비온도가 50℃ 이상으로 상승한다.

- **지속단계(고온단계)**
  - 온도가 상승하면 중온성 미생물의 활동이 정지되고 고온성 미생물이 활동을 시작하여 퇴비더미 온도는 50~60℃가 지속된다.
  - 퇴비화에 가장 적당한 온도는 45~65℃로 온도가 지나치게 높거나 낮으면 퇴비화가 지연된다.

- **숙성단계**
  - 고온성 미생물에 의해 이분해성 유기물의 분해가 완료되면 난

분해성 유기물만 남아 분해속도가 느려지고 퇴비더미 온도도 40℃ 이하로 낮아진다.

- 이때 주로 방선균이 활동하며 난분해성 유기물인 리그닌 등이 증가한다.

- **퇴비화 기간**
  - 가축분 퇴비는 부재료로 이용한 재료의 특성과 관계없이 3개월 이상의 퇴비화 기간을 거치는 것이 안전하다.
  - 퇴비원료는 퇴비화 후 무게가 감소하는데, 가축분(우분, 계분)을 톱밥과 혼합하여 퇴비화 할 경우 부숙 3개월 후에 약 30%가 감소되고 유기물은 30~40%가 분해된다.
  - 안정화에 필요한 기간은 자연조건에서 퇴적하여 퇴비화 되는 경우 약 6개월이 필요하다.

3. 퇴비의 부숙도 검사요령(농촌진흥청 표준영농교본 89, '02)

➕ 관능검사

- **형태:** 부숙이 진전됨에 따라 형태의 구분이 어려워지며 완전 부숙 시 잘 부스러지고 원재료를 식별하기 힘들다.
- **색깔:** 종류에 따라 다양하나 보통 검은색으로 변하고 퇴비더미 속 (혐기상태)에서 부숙된 것은 누런색을 띤다.
- **냄새:** 종류에 따라 다양하나 볏짚이나 산야초 등은 완숙 시 퇴비 고유의 냄새가 나고 가축분뇨는 악취가 사라진다.

➕ 온도검사

- 퇴비 제조 시 퇴비원료에 따라 온도가 60~80℃ 전후까지 상승하게

되고 2주 간격으로 뒤집기를 한다. 완숙된 퇴비는 온도변화가 거의 없이 일정하고, 미부숙 퇴비는 30℃ 이상 온도상승이 일어난다.

✚ 돈모 장력법

- 돈분을 이용해 퇴비 제조 시 그 중 함유된 돈모의 장력을 통해 퇴비 부숙도를 판정한다.
- 미숙(잘 끊어지지 않음), 중숙(힘 있게 잡아당기면 끊어짐), 완숙(돼지털의 탄력이 없어지고 잡아당기면 쉽게 끊어짐)

표 7. 볏짚 및 산야초 등을 이용한 자가제조 퇴비 부숙도 판별법

구 분	미 숙	중 숙	완 숙
색 깔	황갈색	갈 색	암갈색
탄력성	없 음	거의 없음	다소 있음
악 취	많 음	다소 있음	없 음
손 촉감	거 침	다소 거침	부드러움
강도(손으로 비틀 때)	안 끊어짐	잘 끊어짐	쉽게 끊어짐

※ 완숙 후에는 수분 40~50%(손으로 꼭 쥐어서 물기가 배어 나오지 않는 정도)가 된다.

Ⅷ. 토양 및 양분 관리를 위한 허용자재

- 양분관리는 퇴비와 녹비를 통하여 공급하는 것을 기본으로 한다.
- 양분관리를 위한 허용자재는 위의 방법을 이용할 수 없는 경우에 한하여 보조적으로 사용한다.
- ※ 특정 성분의 결핍 방지나 추비 목적으로 사용한다.

- 유기농업에 사용할 수 있는 허용자재는 여러 가지 성분이 복합되어 있으므로 특정성분이 과잉되지 않도록 적정량을 시용한다.
- 자가제조 등 전통적인 토양관리 방법이 아닌 생물학적 원리에 기초하여 개발된 자재는 대부분 고가이므로 처리효과를 검토한 후에 사용하도록 한다(ATTRA: 미국 농업기술이전센터, '01).
- 자재를 사용하기 전 자체적으로 효과시험을 검토한 후 이용하는 것이 현명하다.

1. 성분별 이용방법

✚ 질소

- 질소는 작물생산성을 높이기 위한 가장 중요한 양분이지만 녹비 및 허용자재로부터 유래된 질소가 토양에서 쉽게 용탈될 수 있다.
- 질소를 공급할 목적으로 사용되는 유기자원은 다음의 표와 같이 C/N율에 따라 질소 무기화율의 차이가 크다.

표 8. 유기자원별 특성 및 질소무기화 비율

	헤어리베치	쌀 겨	자운영	채종유박	호 밀	볏짚퇴비	돈분왕겨퇴비	볏 짚
T-N(건물,%)	3.7	2.6	2.2	5.7	1.2	1.8	2.4	0.5
수분(%)	75.1	9.8	77.5	0.5	73.6	75.3	40.8	9.9
C/N율	12.0	18.5	17.3	8.7	37.0	14.2	14.9	78.2
질소 무기화율(%)	100	100	91	86	60	58	55	29

※ 질소 무기화율은 요소의 무기화율을 100으로 하였을 때 상대적으로 무기화된 비율이다.
출처: 국립농업과학원('05)

- 질소의 공급량을 계산하는 방법은 다음과 같다.
  ① 토양검정을 통하여 질소 추천량을 확인한다.
  ② 작물잔사 및 녹비작물의 생체량을 조사하고 질소함량을 분석하여 공급가능한 질소의 양을 계산한다.
  ③ 허용자재를 선택하여 질소함량을 분석한다.
  ④ 허용자재의 무기화율을 고려하여 유기자원 시용량을 결정한다.
  ⑤ 유기자원 시용량 계산방법(질소 기준)

유기물 시용량(kg/10a)

$$= \frac{검정시비량(kg/10a)-(녹비질소\ 공급량(kg/10a)\times무기화율(\%))}{자재\ 건물함량(\%)\times\ 자재\ 질소함량(\%)\times무기화율(\%)}$$

※ 녹비질소 공급량(kg/10a)

= 녹비수량(생체, kg/10a)×녹비 건물함량(%)×녹비 질소함량(%)

- 헤어리베치를 전년도 9월 20일에 파종하고 이듬해 4월 25일에 수확하여 5월 10일에 고추를 정식하고자 한다. 유기자원으로 채종유박을 시용하려고 하는데 질소를 기준으로 할 경우 얼마를 시용하면 될까? (단, 헤어리베치를 수확한 지상부의 생체 무게는 1,500kg/10a이고 토양분석을 통한 질소검정시비량 19kg/10a이었다.)

답) 채종유박 시용량(kg/10a)

$$= \frac{19-(1500\times(100-75.1)/100\times3.7/100\times100/100)}{(100-0.5)/100\times5.7/100\times86/100} = 106(kg/10a)$$

① 토양검정질소시비량 = 19kg/10a

② 헤어리베치의 녹비수량 = 1,500kg/10a

③ 헤어리베치의 수분함량 = 75.1%

④ 헤어리베치의 질소함량 = 3.7%

⑤ 헤어리베치의 질소무기화율 = 100%

⑥ 채종유박의 수분함량 = 0.5%

⑦ 채종유박의 질소함량 = 5.7%

⑧ 채종유박의 질소 무기화율 = 86%

- 유기농 자재들은 미생물의 작용에 의하여 서서히 무기화과정을 거치면서 지속적으로 질소를 공급해 준다.
- 사용하고자 하는 유기자원은 질소를 기준으로 하여 공급하고 부족한 성분을 허용자재를 이용하여 보충해준다.
- 유기농업에서 허용되는 질소원은 퇴비, 혈분, 어분, 아미노산 등이 있다.

✚ 인

- 퇴비와 녹비를 기본적으로 이용한다.
- 유기농 재배를 위해 인광석이나 구아노 골분과 같이 인산을 함유한 자재를 이용할 수 있다.
- 가축분을 원료로 하는 퇴비인 경우 인산함량이 높아 적정량을 시용하여야 한다.
- 모든 인산원들은 카드뮴 함량이 높지 않아야 한다.
- 이외의 자재들은 본책의 부록 1을 참고한다.

✚ 칼륨

- 퇴비와 녹비를 기본적으로 이용한다.
- 사질토양에서는 칼륨이 수분과 동반하여 쉽게 용탈된다.
- 유기농 생산에서 허용된 마그네슘원에는 암석분말, 염기성 슬래그 (Basic Slag), 나뭇재, 랑베이나이트(Langbeinite)와 칼륨을 함유한 황산염(Sulphate of Photash) 등이 있다.
- 이외의 자재들은 본책의 부록 1을 참고한다.

✚ 칼슘

- 유기농 생산에 허용되는 칼슘원은 석회석, 백운석, 석고 등이 있다.
- 생석회와 질산칼슘은 허용되지 않는다.

✚ 마그네슘

- 특히 산성의 사질 토양에서 마그네슘이 자주 결핍된다.
- 유기농 생산에 허용되는 칼슘원은 백운석, 랑베이나이트 등이 있다.

✚ 미량영양소

- 유기물 함량이 충분한 토양은 미량영양소를 적절히 공급할 수 있으나 부족한 경우 퇴비와 해조제품 등을 활용할 수 있다.

Part 04

●

재배
관리

I. 생리적 특성

1. 온 도

- 고추는 과채류 중에서도 높은 온도를 요구하는 고온성 채소이다.
- 육묘 시 발아온도를 28~30℃ 정도를 맞추어 주는 것이 좋으며 적어도 20℃ 이상을 유지시켜야 한다.
- 발아 후에는 파종상에 씌웠던 신문지 등을 제거함과 동시에 낮에는 27~28℃, 밤에는 22~23℃로 유지한다.
- 포트로 옮긴 후 파종상보다 2~3℃를 높여 4~5일 유지한 후 온도를 서서히 낮추어 관리한다.
- 고추의 생육적온은 낮에는 25~28℃, 밤에는 18~22℃이고, 지온은 18~24℃이다.
- 고추의 개화, 결실에 알맞은 온도는 16~21℃의 범위이다.
- 30℃ 이상이나, 15℃ 이하에서는 화분불임에 의하여 낙과되거나 석과로 되기 쉬우므로 환기와 보온을 철저히 해야 한다.
- 기온이 높아 웃자랄 때는 지온을 낮추어 뿌리의 발육을 억제시키고 기온이 낮을 때에는 지온을 높여 뿌리의 자람을 촉진시켜 지상부의 생육을 도와야 한다.

표 1. 작물별 발아온도

작 물	최저온도(℃)	최적온도(℃)	최고온도(℃)	비 고
고 추	10	20~30	35	호암성
토마토	10	20~30	35	
가 지	10	20~30	33	

출처: 농촌진흥청 표준영농교본 115('08)

2. 광

- 고추는 광포화점이 3만 Lux로 다른 과채류보다 낮은 편으로 약한 광선에서도 잘 견딜 수 있으나(토마토 7만 Lux) 겨울철 시설재배에서는 광량이 부족할 수 있으므로 햇빛을 고르게 받도록 해야 한다.
- 시설 재배 시 채광통풍이 생육 착과 및 과실 비대에 영향을 미치므로 이랑은 160~180cm 정도로 넓게 하고 심는 거리는 25~30cm 정도로 좁게 한다.
- 하루 중 동화양분(同化養分)은 오전 중에 70~80%, 오후에 20~30% 정도의 비율로 만들어지므로 오전 중에 시설 내로의 햇빛 투과량이 많도록 한다.
- 다중피복에 의한 무가온 보온위주로 재배할 때 외피복자재는 광 투과성이 좋은 것을 선택하여야 한다.

표 2. 광의 강도와 수량과의 관계

광 도 (%)	지상부중 (g)	개화수 (개)	착과율 (%)	수확과수 (개)	수 량 (g)
100	157.7	86	72.1	62	454.8
50	121.5	71	63.4	45	292.8
20	108.4	68	51.5	35	128.8

※ 광도: 100% = 맑은 날 50,000 Lux / 구름 낀 날 5,000~6,000 Lux
출처: 농촌진흥청 표준영농교본 115('08)

3. 수분

- 고추의 뿌리는 천근성으로 토양이 건조하면 수량이 저하되고 여러 가지 생육장애가 발생된다.
- 여름철의 건조가 생육 및 수량에 크게 영향을 미치므로 밭이 계속 건조하지 않도록 주의해야 한다.
- 보통 노지에서 관수량은 75cm 이랑에는 이랑관수로 3일에 30mm (1m^{2}당 약 30L), 15cm 이랑에는 중앙부 관수로 3일에 15mm를 관수하는 것이 적당하다.
- 여름철 장마기 침수에 의해 습해를 받는데 고추는 침수된 지 2일이 지나면 고사하므로 주의를 요한다.
- 멀칭재배 특히 투명 멀칭을 하는 경우, 침수 후 햇빛이 나면 뿌리 장해로 인해 고추가 시들기 때문에 배수 관리에 더욱 주의를 해야 한다.

4. 양분

- 고추는 전 생육기간 양분이 부족하면 수량이 떨어지는 경우가 많아 다비재배가 유리하다.
- 토양 분석을 실시하여 고추시비량을 결정하는 것이 좋다.
- 양분의 공급은 기비를 기본으로 하며 녹비를 재배하여 양분을 공급하거나 완숙된 퇴비를 밑거름으로 활용한다.
- 고추는 재배 기간이 길기 때문에 생육후기 액비와 같은 유기자재를 웃거름으로 하여 양분을 공급한다.

Ⅱ. 재배 기술

- 우리나라의 일반고추 재배 작형은 노지조숙 재배, 터널 재배, 촉성 재배, 반촉성 재배, 억제 재배 등으로 다양하게 분화되어 있다.
- 노지조숙 재배는 전국 어디서나 가능한 작형으로 유기고추 생산에 적합한 작형이다.
- 고추는 고온성 작물로 겨울을 넘기게 되는 촉성 재배와 억제 재배는 시설 내에서 난방기에 의한 가온으로 생산비가 상승하며, 광과 온도, 습도 환경의 악화로 병해충의 발생이 우려되므로 유기고추 생산에는 불리한 작형이다.

고추의 주요 재배 작형

시기	1월			2월			3월			4월			5월			6월			7월			8월			9월			10월			11월			12월		
	상	중	하	상	중	하	상	중	하	상	중	하	상	중	하	상	중	하	상	중	하	상	중	하	상	중	하	상	중	하	상	중	하	상	중	하
재배형태 노지조숙				파종	파종	가식,육묘						정식	정식									수확	수확	수확	수확	수확	수확	수확								
터널재배		파종		가식,육묘					정식	정식										수확	수확	수확	수확	수확	수확											
촉성재배	수확	수확	수확	수확	수확	수확	수확	수확	수확	수확	수확	수확	수확	수확	수확	수확	수확											파종	파종		가식	가식		정식	정식	
반촉성재배	가식	가식		정식	정식		수확	수확	수확	수확	수확	수확	수확	수확	수확	수확	수확	수확	수확																파종	
억제재배	수확	수확	수확	수확	수확	수확													파종	파종		가식	가식		정식	정식		수확	수확	수확	수확	수확	수확	수확	수확	수확

출처: 농촌진흥청 표준영농교본 115('08)

1. 노지 재배

✚ 특징

- 전국 어디에서나 가능한 가장 일반적인 재배 작형이다.
- 서리 피해가 없는 시기에 노지에 아주심기 하여 건과용 적과를 생산해 내는 작형이다.
- 장마, 태풍, 가뭄 등의 기상상황에 따라 작황의 변화가 심하다.
- 최근 기후변화에 따라 아주심기 하는 시기가 당겨지고 있다.

✚ 본포 준비

- 토양준비가 완료된 밭에서 이랑을 만들고 잡초관리를 위한 멀칭을 준비한다.
- 한 줄 재배 이랑의 폭은 90~100cm로, 두 줄 재배 이랑은 150~160cm 폭으로 한다.
- 이랑 높이는 20cm 이상으로 높혀 주는 것이 병해관리에 유리하다.
- 멀칭재료는 비닐을 이용하는 것이 일반적이나, 짚이나 낙엽 등의 유기물 재료나 재생종이를 이용할 수 있다.

✚ 아주심기

- 아주심기 하는 시기는 지역별로 마지막 서리가 내린 후에 하며 맑은 날을 선택한다.
- 아주심기 전날 모판에 물을 충분히 주어 뿌리를 최대한 보호하며 심는 깊이는 모판에 심긴 깊이대로 해준다.
- 심는 거리는 품종, 토양의 비옥도, 수확기간 등에 따라 달라지는데 이랑 사이를 넓게 하고 주간거리를 좁게 하는 것이 통풍과 작업관

리에 좋다.

- 한 줄 재배는 30cm, 두 줄 재배는 40cm 정도로 하며, 비닐멀칭 시에는 심은 후에 흙으로 구멍을 막아 준다.
- 재식거리를 줄이면 수확량을 높일 수 있으나 밀식할 경우 병해충 방제에 어려움이 있으므로 관행재배에 비해 넓은 간격을 추천한다.

✚ 물 관리

- 아주심기 한 후에는 충분히 관수하여 몸살을 방지하고 뿌리의 발달을 촉진한다.
- 고추의 뿌리는 주로 표토 부분에 분포하기 때문에 토양이 건조하면 생육이 부진하고 여러 가지 장해를 받는다.
- 관수 방법은 이랑에 물을 대주는 방법과 점적관수 시설을 설치하는 방법이 있는데 역병을 예방하고 시비 관리에 유리한 점적관수 시설을 설치한다.
- 생육초기에는 3일 간격으로 $30mm(30L/m^2)$ 관수한다.
- 고추는 습해에 매우 약하여 침수 2일이면 고사하므로 장마기 배수 관리에 주의한다.

✚ 지주 설치와 유인

- 비와 바람의 피해를 막기 위해 120~150cm 길이의 대나무, 각목, 철근지주 등을 세우고 유인끈으로 묶어준다.
- 포기마다 지주를 꽂는 개별유인보다 3~4포기 건너 지주를 꽂아 유인끈을 매주는 줄 유인 방법이 유리하다.
- 고추 줄기의 2~3분지 정도에서 유인끈을 매어주고 키가 자람에 따라 2~3단으로 유인끈을 매어 준다.

✚ 후기 양분 관리

- 생육후기에 들어 비료분이 부족한 밭에는 액비를 제조하여 추비한다.
- 질소질 함유량이 높은 자재(유박, 생선 등)에 발효 미생물을 이용한 액비를 만들어 사용할 수 있다(Part 06 참조).

아주심기

지주설치와 유인

2. 시설 재배

✚ 특징

- 고추는 고온성 작물로 추운 곳에서는 가온이 필요하므로 혹한기를 피한다.
- 남부 지방에서 야간에 가온이 필요 없는 반촉성 작형이나 조숙재배 작형을 선택한다.
- 하우스재배는 풋고추 생산을 주목적으로 하고, 후기에는 건과용 적과도 수확한다.
- 노지재배에서 초기생육을 촉진하고 조기수량을 높이기 위한 터널재배와 병해 관리를 위한 간이 비가림 재배도 가능하다.

✚ 재배 시설

- 고추재배 시설은 설치시기와 지역에 따라 다양한 형태가 보급되어 있으나 대체로 아연도금 파이프로 아치형 하우스 골조를 세우고 폴리에틸렌 필름으로 피복한 것이 대부분이다.
- 새로 하우스를 설치할 때는 농촌진흥청에서 보급한 자동화하우스 (1-2W형)의 표준설계도를 따른다.
- 가온을 하지 않고 보온시설 위주로 재배하기 위해서는 연질비닐필름, 부직포, 알루미늄 스크린 등으로 수평커튼을 설치하고, 섬피 (거적) 등에 의한 외부보온과 다중터널도 설치한다.

✚ 본포 준비

- 시설 재배는 재배 기간이 길기 때문에 퇴비와 유기물 사용량을 늘리며 정식시기에 맞추어 15일 이전에 시용하고 흙과 잘 섞여주어 가스가 발생되지 않도록 주의한다.
- 시설 재배 시에는 노지 재배보다 약간 넓게 심는 것이 도장을 막고 관리에도 쉬우므로 두 줄 재배로 180~210cm 내외로 조절한다.

✚ 아주심기와 초기 관리

- 남부지방에서 저온에 의한 피해를 막기 위해서는 3월 상순 이후에 아주심기 하는 것이 좋다
- 시설재배의 정식기는 저온기이므로 햇빛이 잘 드는 날 한낮에 한다.
- 뿌리의 발육을 돕고 초기생육을 촉진하기 위하여 투명비닐로 멀칭해 주는데, 지온상승을 위해 아주심기 며칠 전에 미리 피복하는 것이 좋다.
- 정식 후 하우스 안의 온도가 18℃ 이상 유지되도록 야간에는 2중

터널과 섬피를 덮어주고 온도 관리에 유의한다.

- 하우스 방향이 남북향의 대형(또는 연동)하우스인 경우 동쪽 이랑에 재식주수를 많게 하고 가운데 이랑은 약간 드물게 심어 채광을 돕는다.

✚ 유인과 정지·전정

- 시설 재배 고추는 노지보다 키가 커지므로 1.5m 이상의 지주를 사용하고 가지를 수직이나 45° 각도로 유인하여 채광과 통풍을 촉진한다.
- 고추는 7~12마디쯤에 1번과가 착과하므로 바로 밑의 곁가지를 일찍 제거해 준다.
- 고추 열매 1개의 생육에는 9매 정도의 잎이 적당하므로 초세유지를 위하여 잎을 따주고 가지를 정리해 준다.
- 전정은 주지를 잘라내고 다시 나오게 하는 작업으로 전정의 강약에 따라 수확기가 달라지므로 판단이 필요하다.
- 전정은 대개 8월 중순경에 하는데 10~12절을 남기는 표준전정을 하면 9월 하순에 수확이 시작되고, 5~6절을 남기는 강전정을 하면 두 달 후에 수확이 가능하며, 15~17절을 남기는 약전정 시에는 한 달 후에 수확이 시작된다.

✚ 환경 관리

- 시설 내 정식 후에는 활착을 촉진하기 위해 바로 터널을 만들어 지온이 20℃ 정도 되게 하고 야간에도 18~20℃가 되도록 관리하며, 활착 후에는 주간 20~25℃, 야간 15℃ 이상으로 관리한다.
- 시설 내는 태양광의 유무에 따라 낮에는 35℃ 이상까지 올라갈 수 있

으므로 보온커튼 조절, 측창, 천장의 개폐로 적정온도를 유지한다.

- 고추는 개화기에 건조하면 낙화 및 낙과의 원인이 될 뿐 아니라 생육이 부진해지므로 적절한 관수로 습도를 유지한다.

- 시설 내 차광에 의한 광 부족을 예방하기 위해서는 강도가 높은 파이프형 골재를 선택하며, 광투과율이 높은 무적필름을 선택한다. 또한 보온자재인 커튼과 터널 피복자재의 관리에 유의한다.

✚ 양분 관리

- 시설 내 재배 시에는 염류집적의 피해가 우려되므로 과다 시비를 주의하며 토양검정을 통해 적절히 관리한다.

- 노지 재배와 마찬가지로 생육후기에 발효액비를 활용해 양분을 공급한다.

Part 05

·

병해충·잡초 및
생리장해

고추에는 30~40여 종의 병해충이 발생되는데 고추 생산에 심각한 피해를 끼치는 병해충은 각각 5~6종 정도이다. 유기농 고추의 안정적 생산을 위해서는 이들 주요 병해충을 효과적으로 방제하는 것이 매우 중요하다. 일반적으로 노지 재배에서는 역병, 탄저병, 무름병, 바이러스병 등의 피해가 크고 시설 재배에서는 풋마름병(청고병), 흰가루병, 진딧물, 총채벌레 등의 발생이 많다. 이러한 병해충은 다양한 방법을 통해 적절히 관리할 수 있다.

유기농 고추 생산 시 병해충의 기본적인 관리 방법은 다음과 같다.

- 병해충 발생을 최소화하기 위해 윤작을 실시한다.
- 병해충에 강한 저항성 품종을 이용한다.
- 토양을 건전하게 관리한다.
- 재배지의 생물적 다양성을 유지한다.
- 재배환경을 좋게 하여 작물을 튼튼하게 재배한다.

위와 같은 방법을 통해 방제가 어려울 경우 허용된 유기자재를 이용한다.

- 유기농자재는 대상 병해충에 대한 특이적 또는 비특이적 활성을 갖는다.
- 비특이적 활성을 갖는 자재는 천적 등 유용 생물에 피해를 끼칠 수 있으므로 사용에 주의를 기울여야 한다.
- **대상 병해충 특이적 자재**
  - 페로몬트랩
  - 천적

- 미생물제제
- 일부 식물 추출물
- **대상 병해충 비특이적 자재**
  - 토양살균제
  - 특정 천연물질: 독소
  - 자연적 · 인위적 장애물
  - 끈끈이, 유아등 트랩 등

Ⅰ. 병해 관리

1. 역병(Phytophthora Blight, 疫病)

고추를 연작하는 포장에서 많이 발생한다. 물을 통해 전염하므로 장마철 또는 비를 동반한 태풍이 올 때 물 빠짐이 나쁜 포장에서 특히 피해가 심하다. 역병 피해를 줄이기 위해서는 물 빠짐을 좋게 하는 것이 중요하다.

✚ 병원균 및 병징(피해증상)

- 난균류에 속하는 곰팡이의 일종인 역병균(*Phytophthora capsici*)에 의해 병이 발생된다.
- 병원균은 격막이 없는 하얀색의 균사로 자라면서 환경조건이 좋아지면 균사에 유주자낭을 형성하여 유주자를 방출한다.
- 유주자는 2개의 편모를 가지고 있어 물속에서 이동이 가능하며 이

로 인해 장마기에 역병이 전 포장으로 전파되면서 지표면 부근의 뿌리와 줄기 밑동을 침해한다.

- 처음에는 잎이 누르스름해지면서 시들기 시작하고 병이 더 진전되면 줄기 지제부와 굵은 뿌리는 수침상으로 갈변하면서 적황색으로 변해 말라 죽는다.
- 감염된 부위에는 병원균의 포자 덩어리가 하얗게 보이기도 한다.

✚ 발생생태

- 역병은 전 생육기간에 걸쳐 발생하며 뿌리, 줄기, 잎, 과실에 모두 발생할 수 있다.
- 노지에서는 6월 이후 비와 함께 발생되고, 장마기에 주로 전파되어 8~9월에 발생이 가장 심하다.
- 병원균은 병든 식물체의 잔재물에서 월동하여 다음해 1차 전염원이 된다.

✚ 관리방법

- 역병균은 가지과(고추, 토마토, 가지)와 박과작물(수박, 오이, 참외, 호박)에도 발생하므로 이들 이외의 작물로 돌려짓기를 한다.
- 겨울 동안 호밀을 재배하여 봄에 녹비로 활용하고 밭두둑을 높게 하여 물 빠짐을 좋게 하면 역병 발생을 줄일 수 있다.
- 역병에 저항성인 품종을 선택하여 재배한다. 최근에는 30여 종의 PR(역병저항성)계통이 개발되어 시판되고 있다. 이들 PR계통은 역병에 대한 저항성 차이가 다소 있으나 대부분 90% 이상의 높은 방제효과를 나타낸다(PR마니따, PR대촌, PR다따, 독야청청, 역강홍장군, 신독불장군, 싱싱홍, 기립박수, 흥놀부 등).

- 고추 역병에 등록된 미생물농약(탑시드, 에코센스 등)을 적정 처리 시기(발생 전)에 토양 관주한다.
- 피복 재료로 비닐피복 대신 흑색 부직포를 사용하거나, 고랑에 짚이나 산풀 등을 덮어 주면 역병 발생을 줄일 수 있다.

지제부 병징

발병 포장

2. 탄저병(Anthracnose, 炭疽病)

연작 노지 포장에서 발생이 심하다. 병원균은 주로 지난해의 버려진 병든 과실에서 월동하여 1차 전염원이 되므로 고추를 수확한 후에 잔재물을 깨끗이 수거하여 매몰하거나 소각하는 것이 좋다. 종자로도 전염을 하지만 시판종자는 소독되어 나오므로 종자에서 병원균이 옮아올 확률은 낮다.

✚ 병원균 및 병징(피해증상)

- *Colletotrichum acutatum*이라는 곰팡이에 의해 발생된다.
- 고추 유묘나 잎과 줄기에도 발생할 수 있으나 주로 과실에 발생하며 처음에 암녹색의 오목하게 들어간 점이 생기고 점차 원형 내지 타원형으로 커지면서 겹무늬 모양으로 확대된다.
- 겹무늬 모양의 병반 주위에는 담황색 내지 황갈색의 포자덩어리가 형성되고, 심하게 병든 과실은 뒤틀리고 미라(Mummy)처럼 말라버린다.

✚ 발생생태

- 7월 상순경부터 발생하기 시작하여 그 후 비가 많이 오거나 장마가 시작되면 급격히 증가한다.
- 병원균이 빗물에 튀어서 전파되므로 하우스나 비가림 재배에서는 거의 발생하지 않는다. 바람을 동반한 비가 올 때 주변 포기로 옮아가며 맑고 건조한 날에는 잘 전파되지 않는다.
- 병원균은 종자 혹은 병든 과실에서 월동하여 1차 전염원이 된다.

✚ 관리방법

- 아직까지 고추 탄저병에 대한 저항성 품종은 개발되지 않았으나 재배품종별로 포장저항성은 다소 다르다. 일반적으로 대과품종과 잎이 무성하고 아래로 처져 과실 주변이 과습해지기 쉬운 품종에 발생이 많다.
- 비를 차단시켜 비가림 재배를 하면 탄저병 피해를 막을 수 있다.
- 고추를 재배한 후 병든 과실이나 식물체를 제거하여 포장을 청결하게 유지한다.

- 흑색 부직포나 피복작물로 헛골을 피복하여 빗물에 의해 흙탕물이 과실로 튀는 것을 방지하면 탄저병의 발생이 줄어든다.
- 무엇보다 토양 및 양분 관리를 잘하여 고추를 건강하게 재배하고 재식거리를 넓혀 통풍과 일조를 좋게 하면 탄저병 발생률이 낮아진다.

고추 탄저병

3. 흰가루병(Powdery Mildew, 白粉病)

일교차가 큰 늦은 봄(6월)부터 발생되기 시작하여 초가을에 주로 발생하는데 노지보다는 일조가 부족하고 통풍과 환기가 불량한 시설 재배에 발생이 많다. 환기팬이나 천창 등을 사용하여 시설 내 야간습도를 낮추고 통풍을 원활히 하면 병 발생을 줄일 수 있다.

➕ 병원균 및 병징(피해증상)

- *Leveillula taurica*라는 곰팡이에 의해 발생된다.
- 병원균은 살아있는 조직만 침해하는 순활물 기생균으로 내부기생

성이다.

- 잎 뒷면에서부터 하얀 가루 같은 곰팡이가 생기기 시작하여 앞면에도 흰색 가루가 피며, 심하면 잎 앞면에 엽맥을 따라 갈색의 괴사가 일어나고 누렇게 되어 결국 떨어진다.

✚ 발생생태

- 노지에서는 6월경부터 발생하기 시작하여 8~9월에 심하게 발생한다.
- 주로 공기습도가 낮은 시기(건조한 기후 조건)에 분생포자가 바람에 많이 날려 발생이 심해진다.
- 병원균은 병든 식물체의 잔사에서 월동하여 1차 전염원이 된다.

✚ 관리방법

- 시설재배의 경우 일교차를 줄이고 통풍과 환기가 원활하도록 재배환경을 개선하면 흰가루병 발생을 줄일 수 있다.
- 난황유나 난황유 혼합제(난황유+유황, 난황유+구리 등)를 발생 초기에 처리하면 흰가루병을 방제할 수 있다.
- 고추 흰가루병에 등록된 미생물 농약(바이봉, 에코제트, 테라스 등)을 초기에 살포한다.
- 병든 잎이나 잔재물은 불에 태우거나 땅속에 묻어 전염원의 밀도를 낮추어야 한다.
- 토양양분이 부족하여 세력이 약해지면 대 발생하므로 토양양분 관리를 재배 후기까지 잘 해줘야 한다.

4. 풋마름병(Bacterial Wilt, 청고병(靑枯病))

　　토양전염성 세균 병해로 뿌리 상처를 통해 침입한다. 미숙퇴비 사용 시 가스장애로 인해 고추의 잔뿌리가 상해 병원균 침입이 쉬우므로 잘 부숙된 퇴비를 사용하고 균형시비를 하여 작물이 튼튼하게 자라게 해야 한다. 고온다습한 조건에서 발생이 많다.

✚ 병원균 및 병징(피해증상)

- *Ralstonia solanacearum*이라는 세균에 의해 발생된다.
- 초기에는 식물체의 지상부(잎과 줄기)가 낮에 시들었다가 아침, 저녁으로는 회복되는 증상이 나타나다가 급속히 전체적으로 시들어 고사한다.
- 병든 줄기나 뿌리를 잘라보면 도관부는 갈변되어 있으며, 이런 경우 줄기나 뿌리를 물에 담그면 백색의 세균이 흘러나오는 것을 볼 수 있다(그림 참조).

✚ 발생생태

- 고온기에 많이 발생하는데 노지에서는 7월부터 8월에 걸쳐 기온이 30℃ 이상의 고온이 계속되고 침수되거나 물빠짐이 나쁘면 급성으로 발생한다.
- 병원균은 병든 잎, 줄기, 뿌리에서 월동하며, 토양에서 2~3년 이상 생존할 수 있다.
- 작물체로의 침입은 주로 뿌리의 상처를 통해 일어나며 관개수를 따라 이동 전염된다.

✚ 관리방법

- 발생이 되면 방제가 어렵기 때문에 예방적 차원에서 관리를 철저히 하여야 한다(발병된 식물체는 즉시 뽑아 소각하거나 제거한다).
- 한번 발생한 포장에는 연작하면 계속 발생하므로 가지과(담배, 가지, 감자, 토마토 등) 이외의 원연작물[2]로 3~4년간 돌려짓기를 한다.
- 병원균은 혐기상태(담수상태)에서 오래 생존하지 못하고 사멸하므로 벼를 재배한 후 고추를 재배하면 병 발생을 줄일 수 있다.
- 풋마름병에 저항성인 접목용 대목을 사용한다(튼튼내고추대목, 코네시안핫).

....
2 양파, 콩, 감자 등과 같이 서로 유전적으로 거리가 먼 작물

〈풋마름병 증상 육안 확인법〉

5. 바이러스병(Virus Disease)

고추에는 오이모자이크 바이러스, 담배모자이크 바이러스, 잠두위조 바이러스, 고추모틀 바이러스 등이 많이 발생한다. 이들 바이러스는 종자로 전염되며 진딧물이 건전한 포기로 전파시키므로 난황유나 친환경 자재를 사용하여 매개충인 진딧물의 밀도를 줄여야 병 발생을 낮출 수 있다.

✚ 병원균 및 병징(피해증상)

• 우리나라 고추에 피해를 입히는 주요 바이러스는 오이모자이크 바이러스(CMV: Cucumber Mosaic Virus), 담배모자이크 바이러스(TMV: Tobacco Mosaic Virus), 담배연녹모자이크 바이러스(TMGMV: Tobacco Mild Green Moaic Virus), 잠두위조 바

이러스(BBWV2: Broad Bean Wilt Virus 2), 고추모틀 바이러스(PepMoV: Pepper Mottle Virus), 고추연한모틀 바이러스(PMMoV: Pepper Mild Mottle Virus), 토마토반점위조 바이러스(TSWV: Tomato Spotted Wilt Virus) 등 6종이다.

- 감염률은 CMV가 30%, BBWV2가 26%, PMMoV와 PepMoV가 14% 정도로 4종의 발생이 대부분을 차지하고 있다.
- 고추 바이러스에 감염되면 전형적인 모자이크 증상(CMV, PMMoV) 또는 매우 심한 황화모자이크 증상(CMV와 BBWV 복합감염)을 나타내기도 하며 잎의 엽맥에 녹색이 침적되는 엽맥녹반 증상(PepMoV), 괴저증상, 식물체 전체 기형 등을 나타낸다.

✚ 발생생태

- 진딧물이 매개하는 바이러스는 CMV, BBWV2, PepMoV이며, TSWV는 총채벌레가 매개한다.
- 포장 내부 및 주변에 있는 잡초류에 살고 있는 매개충이 고추로 이동하여 바이러스병을 전염한다.
- PMMoV는 고추에서 종자전염을 하는 대표적인 바이러스이다.

✚ 관리방법

- 바이러스병이 발생하면 치료가 불가능하고 급속히 전염되므로 병든 고추는 생육 초기에 즉시 제거하여 더 이상이 진전을 막도록 하여야 한다.
- 포장 내외부의 잡초류를 제거하여 포장 상태를 청결히 유지한다.
- 난황유나 천적 등 친환경적인 방법으로 진딧물 등의 매개충 밀도를 낮춰 주어야 한다.

- 시설 재배의 경우 매개충이 들어오지 못하도록 망사 처리를 한다.
- TSWV는 고추뿐만 아니라 토마토에도 병징을 일으키므로 토마토를 재배하였던 바이러스가 감염된 포장에서는 고추를 재배하지 말아야 한다.

바이러스병

Ⅱ. 충해 관리

1. 진딧물류(Aphids)

진딧물은 고추에서 빈번하게 발생하며 증식 또한 매우 빠른 해충이다. 흡즙을 통해 바이러스병을 옮기고 그을음병을 일으킨다. 고추에 발생하는 진딧물은 목화진딧물과 복숭아혹진딧물 등이 있다. 온실에서는 연중 발생하며 노지에서는 봄철에 특히 피해를 끼친다.

- **목화진딧물**(*Aphis gossypii Glover;* Melon Aphid, Cotton Aphid)
  - 날개가 있는 유시충과 날개가 없는 무시충이 있으며 몸길이는 1.5mm 정도이고 몸색은 계절에 따라 녹황색, 흑녹색 또는 검은색이다.
  - 무궁화나무 등에서 월동한 뒤 5월 하순부터 유시충이 이동한다.
  - 발육기간은 8일로 무시암컷은 70마리의 새끼를 낳아 증식률이 높고 연간 6~22세대 발생한다.
- **복숭아혹진딧물**(*Myzus persicae Sulzer;* Green peach Aphid)
  - 유시충은 몸길이가 2.0~2.8mm이고 몸색은 황갈색 또는 녹색이며, 무시충은 몸길이가 1.8~2.5mm이고 몸색은 다양하나 적색이 많다.
  - 각종 나무에서 월동한 뒤 5월 상순에 유시충이 되어 이동한다.
  - 1년에 9~23세대 발생하며 수명은 29일 정도이다.

＋ 피해증상

- 일차적으로 흡즙에 의해 잎의 색깔이 변하거나 기형이 된다.
- 식물바이러스를 전염시키거나 감로에 의한 그을음병을 유발시켜 탄소동화작용을 억제한다.

복숭아혹진딧물

목화진딧물

진딧물에 의한 그을음병

✚ 관리방법

- 진딧물이 발생하기 전 기장테두리진딧물을 접종한 보리와 같은 뱅커플랜트(Banker Plants: 천적 유지 식물)를 이식한다.
- 이식 직후 또는 잎에 진딧물이 보이는 발생초기에 콜레마니진디벌, 진디혹파리와 같은 천적을 방사한다.
- 무당벌레, 풀잠자리 애벌레와 같은 천적을 채집하여 방사한다.
- 난황유 0.5% 단독 또는 님 오일(Neem Oil), 고추추출물과 혼합하여 3~4일 간격으로 진딧물 발생부위에 집중 살포한다.

진딧물을 공격하는 진디혹파리 유충   진디벌에 기생된 어미   무당벌레

2. 담배나방(Oriental Tobacco Budworm)

유충이 고추 과실을 직접 가해하여 상품성을 떨어트리는 주요한 나방류의 해충으로 노지 재배에서 더 문제가 된다. 담배나방 유충이 과실에 구멍이나 상처를 내면 이곳으로 세균이 침입하여 무름병을 일으키므로 담배나방은 무름병을 동반하는 경우가 많다.

✚ 형태 및 발생생태

- 성충은 몸길이는 17mm 정도이고 황갈색으로 앞날개는 갈색의 무늬가 있다.
- 어린 유충은 녹색을 띠고 노숙유충은 주로 담녹색이나 변이가 많고 몸길이가 40mm 정도로 마디마다 2~3개의 점이 있다.
- 다 자란 유충은 고추 속에서 나와 땅속에서 번데기가 되며 이 상태로 겨울철 월동을 하게 된다.
- 성충이 된 후 3일부터 5일까지 300~400개의 알을 산란한다.
- 성충은 6월 중·하순, 7월 하순~8월 상순, 9월 상순에 연 3회 최고로 발생한다.

✚ 피해증상

- 주로 과실 속으로 들어가 종실을 가해함으로 피해를 주고 피해를 받은 과실은 무름병에 걸려 낙과한다.
- 애벌레 한 마리가 보통 3~4개, 많게는 10개 정도의 과실을 가해한다.
- 방제를 소홀히 할 경우 20~30%의 감수를 가져오기도 한다.

✚ 관리방법

- 페로몬트랩 또는 흑설탕, 막걸리 등을 이용한 트랩으로 포획하여 성충의 발생을 억제한다.
- 페로몬 등으로 발생시기를 예찰하여 알 시기에는 난황유를 이용해 방제를 꾀하고 어린 유충시기에는 미생물농약(BT 수화제)을 이용하여 방제를 한다.
- 비가림 등 시설에서는 방충망 등을 쳐서 성충의 유입을 차단할 수 있다.

• 알좀벌 등 기생봉을 이용해 방제를 할 수 있다.

담배나방 성충

담배나방 유충

담배나방 피해 과실

3. 가루이류 (Whiteflies)

가루이류는 비닐하우스나 유리 온실 등 시설 재배지에서 고추를 포함한 다양한 작물에 발생하여 피해를 주며, 시설 재배지에서 이동하여 노지에서 발생하기도 한다.

✚ 형태 및 발생생태

• 성충의 크기는 1mm 내외로 넓은 흰색날개와 노란색 몸통을 가지며 식물 표면에 알을 평생 동안 약 300개 낳는다.
• 약충은 기주 식물의 잎 뒷면에 기생하며, 성충이 될 때까지 한곳에 정착하여 식물을 가해한다.
• 유충이 성충이 되기까지 약 19~20일이 소요되며 온도가 높아질수록 기간이 단축된다.

표 1. 온실가루이와 담배가루이의 구분

	온실가루이	담배가루이
알	색변화: 황백색 → 흑색	색변화: 황색 → 갈색
4령	체색: 흰색	체색: 노란색
성충	형태: 잎에 앉아 있을 때에는 날개를 편 선이 잎과 거의 수평을 이룬다.	형태: 잎에 앉아 있을 때에는 날개를 편 선이 잎과 45° 각도를 이룬다.

온실가루이

담배가루이

가루이에 의한 그을음 피해

✚ 피해증상

- 잎 뒷면에 기생하고 식물체의 즙액을 흡즙하여 작물의 생육억제, 잎의 퇴색위축 낙엽 및 수량감소 등의 피해를 준다.
- 가루이가 배설하는 감로는 식물에 그을음병을 유발시켜 광합성을 저해하고, 상품의 가치를 떨어뜨린다.
- 성충 발생이 심한 경우 농사작업을 방해한다.

✚ 관리방법

- 가루이류에 고추가 오염되지 않도록 시설의 출입구, 측창에 방충망을 설치하며, 황색점착트랩으로 예찰하여 유입여부를 확인한다.
- 전 작기에 가루이가 발생했던 작물체 잔재물을 철저히 제거 및 소독한다.
- 기생성 천적으로 온실가루이에 대하여 온실가루이좀벌이, 담배가루이에 대하여 황온좀벌, 담배가루이좀벌이 이용되며, 포식성 천적인 지중해이리응애는 두 종에 대하여 적용 가능하다.
- 가루이에 대한 감염을 일으키는 병원성 미생물인 뷰베리아바시아나(Beauveria bassiana)가 적용 가능하다. 다만 살포 시 높은 습도와 적절한 온도 조건이 필요하다.
- 발생초기에 난황유를 살포하면 방제효과를 기대할 수 있다.

4. 총채벌레류

총채벌레는 시설재배에서 많이 발생하는데 매우 작아 눈에 잘 띄지 않는다. 고추에서는 꽃을 가해하고 과실에 기형을 초래한다. 주로 꽃노랑총채벌레(*Franklinella occidentalis* (Pergande); Western Flower Thrips)와 대만총채벌레(*Frankliniella intonsa* (Trybom); Garden Thrips)가 피해를 준다.

✚ 형태 및 발생생태

- 성충은 1~2mm의 작은 크기로 황색 또는 연한 갈색을 띠며, 날개에 총채와 같이 긴 털이 나 있는 것이 특징이다.

- 암컷은 식물 표면의 조직 속에 작고 길쭉한 알을 20~170개 정도 낳으며, 알이 부화하는 데 5~7일 걸린다.
- 유백색 또는 황색을 띠는 유충은 식물체에서 연한 조직을 가해하며 번데기는 땅속에서 지낸다.
- 25℃에서 알부터 성충까지 발육하는데 17일 소요되며, 전국에서 월동이 가능하다.

✚ 피해증상

- 총채벌레는 식물의 표면을 긁어서 흡즙하며, 피해를 받은 잎은 뒤틀리거나 구부러지며 갈색 또는 은빛 반점이 나타난다.
- 성충은 꽃 속에 서식하며 피해를 주어 낙화를 유발하고, 과실을 구부러지게 하거나 갈색으로 경화시킨다.

✚ 관리방법

- 총채벌레에 효과적인 천적으로 애꽃노린재류와 포식성 응애류가 있다.
- 시설에서는 천적의 이용이 가능하지만, 노지에서는 상대적으로 이용이 어렵다.

Ⅲ. 잡초 관리

1. 주요 잡초

고추는 여름철에 왕성하게 생육하는 여름 잡초들과 빛, 양분, 수분을 두고 경합하게 된다. 따라서 이들 잡초들을 적절히 관리하지 못하면 많은 수량 감소가 생긴다. 고추밭에 주로 발생하는 잡초는 다음 표와 같으나, 이들 외에도 가끔 발생하는 쑥, 메꽃 등의 다년생 잡초와 재생 능력이 강한 실새삼 등은 초기에 적극적으로 방제하지 않으면 크게 발생할 수 있으므로 주의가 필요하다.

표 2. 충청지역 고추밭에 주로 발생하는 잡초

잡초명	학 명	우점도(%)
바랭이	*Digitaria sanuinalis*	14.82
쇠비름	*Portulaca oleracea*	12.08
방동사니	*Cyperus amuricus*	9.06
깨 풀	*Acalypha australis*	5.70
돌 피	*Echinochloa crus-galli*	5.50
명아주	*Chenopodium album*	4.68
중대가리풀	*Centipeda minima*	4.68
속속이풀	*Rorippa islandica*	4.07
한련초	*Eclipta prostrata*	3.34
주름잎	*Mazus japonicus*	3.28

출처: 한국잡초학회지('04)

✚ 가는털비름(비름과)

- 1년생 초본으로 종자로 번식한다(개체당 30,000립, 천립중 0.37g).
- 키: 1~2m. 위쪽에서 가지를 치며 어린 가지나 잎에 연한 털이 있다.
- 개화기: 7~10월
- 특징: 남아메리카 원산의 귀화식물이다. 여름작물의 문제 잡초로 햇빛이 잘 드는 비옥한 땅을 좋아한다.

✚ 돌피(벼과)

- 1년생 초본으로 종자로 번식한다(개체당 15,000~25,000립, 천립중 1.7~2.2g).
- 키는 50~80cm, 꽃은 7~8월에 원추화서로 핀다.
- 특징: 여름작물에 피해를 많이 주는 강해성 잡

초이며 비옥하고 습한 토양, pH 7 전후의 토양을 좋아한다. 종자 발아의 내염성이 높아 메귀리, 댑싸리, 강아지풀 등과 같은 염농도에서 발아한다. 환경 적응 범위가 넓다.

✚ 미국개기장(벼과)

- 1년생 초본, 종자 번식
- 키는 50~100cm. 식물 전체에 털이 없다.
- 개화기: 7~8월에 12~25cm의 원추 화서로 핀다.

- 특징: 북미 원산의 귀화식물이다. 소가 잘 먹어 목초로도 이용하며 벌레와 선충의 기주가 된다. 토양 온도가 25℃ 이상일 때 출현한다.

✚ 바랭이(벼과)

- 1년생 초본, 종자로 번식한다(33,000~ 77,000립 종자 생산, 천립중 0.3~ 0.6g).
- 키는 40~70cm, 지상을 기면서 마디 마디에서 뿌리를 내려 큰 그루를 형성한다.

- 개화기: 7~8월
- 특징: 여름 밭포장의 문제 잡초이다. 차광 정도에 따라 영양생장량과 종자생산량이 다 같이 감소한다. 포복경을 내며 기어서 자라나 작물 사이에서는 직립형으로 생육해 작물의 윗부분으로 신장하기 때문에 큰 해를 끼친다. 당근, 양상추, 향부자, 오이, 들깨 등에서

타감효과가 인정된다.

✚ 쇠비름(쇠비름과)

- 1년생 초본으로 종자 번식한다(개체 당 10,000~60,000립 종자 생성).
- 키: 30cm. 직사광선 아래서는 포복성이나 그늘이 늘어나면 줄기는 직립한다.
- 개화기: 6~10월에 황색 꽃이 가지 끝에 달린다.
- 특징: 여름 밭포장의 문제 잡초이다. 연한 부분은 식용으로도 쓴다. 식물체 전체가 흙에서 뽑혀도 장기간 생존이 가능하다. 농기구에 의해 절단된 줄기나 잎이 재생하는 등의 영양번식을 통해서도 증식이 가능하다. 초형은 대형잡초가 아니나 뿌리가 토양 150cm까지 뻗어 작물과의 양·수분 경합이 심한 잡초이므로 적극적인 관리가 필요하다.

✚ 털별꽃아재비(국화과)

- 1년생 초본으로 종자 번식한다(개체 당 10,000~40,000립 종자 생산, 천립중 0.1g).
- 키는 20~40cm로 잎은 마주나고 줄기 마디에는 긴 털이 밀생한다.
- 개화기: 6~9월에 지름 6~7mm의 꽃이 줄기와 가지 끝에 달린다.
- 특징: 열대아메리카 원산인 귀화식물이다. 여름 밭포장의 문제 잡초로 사료로 이용 가능하다. 봄에서 이른 여름 발생하여 여름에서

가을에 걸쳐 개화한다. 좋은 조건에서는 4주 만에 개화, 결실을 마쳐 한 해 동안 3~4세대를 반복할 수 있다.

✚ 털진득찰(국화과)

- 1년생 초본으로 종자로 번식한다.
- 키는 60~120cm 정도이며 잎과 줄기에 털이 많다.
- 개화기: 8~9월, 줄기 끝에 산방상으로 달린다.
- 특징: 전국적으로 분포하는 여름 밭포장 문제 잡초이다. 열매에 점착성의 선모가 있어 옷 등에 붙어 전파된다. 어린것은 식용으로 전초와 열매는 약용으로 이용된다.

✚ 흰명아주(명아주과)

- 1년생 초본으로 종자로 번식한다(개체당 13,000~500,000립 종자 생산, 천립중 0.7g).
- 키는 10~250cm로 어린잎은 양면이 백색이며 성숙하면 뒷면만 백색이 된다.
- 개화기: 6~7월에 가지 끝이나 잎겨드랑이에서 핀다.
- 특징: 밀, 두류, 채소 등 주요 밭작물에 피해를 입히며 광범위한 토양산도와 염분농도에 적응한다.

2. 물리적 잡초 방제

✚ **멀칭용 피복 자재**

- **비닐**
  - 가격이 싸고 작업이 용이하다.
  - 흑색 비닐의 경우 지온을 높여 주어 식물체의 생장을 촉진한다.
  - 토양의 온습도를 유지할 수 있다.
  - 장마기간 중 과습 조건에 의해 뿌리가 손상되어 병해에 민감해질 수 있다.
  - 작물 재배 후 피복자재 수거에 노력이 많이 든다.
- **부직포**
  - 토양의 온습도를 유지할 수 있다.
  - 통기성과 투수성이 우수하다.
  - 자재 가격이 비싸고 작업이 번거롭다.
  - 2~3년간 재활용이 가능하다.
- **차광막**
  - 통기성과 투수성이 가장 뛰어나다.
  - 잡초 억제 능력이 비닐에 비해 다소 떨어진다.
  - 자재 가격이 비싸고 작업이 번거롭다.
  - 2~3년간 재활용이 가능하다.

피복 자재(왼쪽부터 흑색 비닐, 흑색 부직포, 백색 부직포, 차광막)

✚ 식초에 의한 잡초방제

- 현미식초나 감식초 원액을 분무기에 담아 부분적으로 발생한 잡초에 뿌려준다.
- 식초에 접촉한 식물체는 잎이 타들어 가면서 고사한다.
- 다 자란 식물보다는 어린 식물에 효과가 높다.
- 노즐 덮개를 이용해 작물에는 닿지 않도록 조심한다.

3. 피복식물에 의한 생물적 잡초 관리

- 화학피복자재에 의한 토양오염 및 물과 공기의 단절로 인한 토양 생물상 교란을 피하기 위하여 피복식물을 심어 잡초를 억제하는 방법이다.
- 피복식물의 타감물질의 분비와 그늘 형성에 의해 잡초 발아 및 생육을 억제하며 부수적으로 녹비 공급 효과도 크다.
- 피복식물은 전해 가을에 파종해 이듬해 충분한 생육량을 확보하도록 한다.
- 예취나 부분경운 등으로 피복식물을 일부 제거해 이식할 자리만 확보한 후 고추를 이식한다.
- 고랑에 발생한 피복식물은 고추 이식 후에도 함께 생육하면서 자연스런 피복이 이루어지도록 처리한다.
- 고추밭에 이용할 수 있는 피복식물로는 호밀과 얼치기완두 등이 있다.

Ⅳ. 영양 · 생리장해 관리

작물이 정상적으로 생육하지 못하는 이상증상은 내부적인 요인에 의해 발생하는 장애(disorder)와 외부적인 요인에 의해 일어나는 장해 (damage)로 구분할 수 있다. 장애의 대표적인 원인으로 식물체 내 양분의 불균형으로 인한 영양장애가 있으며, 장애요인은 온도, 수분, 가스 등 다양하다. 작물의 상태에 따라 장애와 장해를 구분하기 어려울 때도 많지만, 장해는 일시적이면서도 균일하게 피해증상이 나타나는 경우가 많다.

1. 영양장해의 원인과 대책

✚ 가축분 퇴비

- 시설하우스에 가축분 퇴비를 과용하면 염류피해가 우려되고 과용된 인산은 미량원소들과 결합하여 미량원소 결핍증상을 나타내기도 한다.

  ※ 대책: 질소기준이 아닌 인산함량기준으로 시비하고, 답전윤환, 녹비재배 등으로 염류를 제거하고 심경이나 객토로 양분을 희석한다.

✚ 녹비

- 콩과 녹비는 질소 공급력은 있으나 속효성으로 양분공급기간이 짧아 고추 생육후기에 질소부족이 나타날 수 있다

  ※ 대책: 유박, 액비 등으로 추비가 필요하다. 탄질비가 높은 유기물 혼합으로 분해속도를 조절하고 화본과 혼합 재배한다.

- 지속적으로 녹비만을 양분공급원으로 이용할 경우 작물에 의한 양분탈취로 질소를 제외한 양분부족이 나타날 수 있다.

  ※ 대책: 유기물 또는 광물질 혼합으로 부족한 양분을 보충한다.

- 탄소/질소비가 높은 화본과 녹비 경우 작물생육초기에 질소기아현상이 나타난다.

  ※ 대책 : 콩과녹비와 혼합재배하고 유박 등으로 탄질비를 조절한다.

✚ 유기질비료(유박 등)

- 분해 및 양분공급능력이 빠른 대신 고추 생육후기에는 질소부족이 우려된다.

※ 대책: 추비로 유박을 시비하고 퇴비 등 C/N율 높은 유기물 혼합으로 양분공급기간을 연장한다.

✚ 환경 불량

- 토양건조는 붕소와 칼슘의 흡수가 저해되고 저온은 인산흡수가 저해되는 등 환경 불량은 광합성과 양분전류 등에 악영향을 준다.

2. 영양장해의 증상

국내 고추농가에서 자주 발생하는 영양장애는 질소, 칼리, 칼슘, 마그네슘, 붕소 결핍증상으로 토양양분 부족 외에도 원소 간의 길항작용이나 수분 부족으로 인한 흡수장애에 의해 발생하는 경우도 많다.

✚ 칼슘 결핍

- 결핍 시 고추배꼽썩음과가 발생되고 선단부 어린잎의 황화가 일어나며, 상위엽의 잎맥이 갈변하고 잎맥 사이가 황화된다. 과잉증상은 없으나, 칼리나 마그네슘의 흡수를 억제하며 다량 석회 시용으로 pH가 높으면 철, 망간, 아연 등 미량원소를 불용화시킨다.

✚ 마그네슘 결핍

- 결핍 시 오래된 하위 잎에서 잎이 뒤틀리지 않고 잎맥 사이가 탈색되는 증상이 나타나는데 다른 양이온과의 길항관계, 마그네슘 함량이 낮은 사질토나 저온에 의한 양분흡수 부족으로 발생된다.

✚ 철 결핍

- 결핍 시 새로운 어린잎에서 잎맥만 남기고 황백화 되며 토양이 알 칼리성이거나 뿌리장애가 있을 때 발생한다.

✚ 붕소 결핍

- 결핍 시 생장점이 위축하고 잎 가장자리 일부가 갈변한다. 질소, 칼리, 석회 등 과잉시비, 토양건조, 유기물함량이 낮은 알칼리성 토양에서 발생하며 붕산 0.1~0.25% 수용액을 엽면살포(과잉살포 주의)한다. 붕소 과잉시비 시 피해증상으로는 떡잎 끝쪽이 갈변하면서 구부러지고 하위 잎 가장자리가 황백화 된다.

✚ 질소 · 인산 · 칼리의 결핍 및 과잉 증상

	결핍 증상	과잉 증상
질 소	• 생장이 매우 나쁘고 잎이 소형, 하위 잎부터 상위 잎으로 순차적으로 황백화 된다. • 탄질비가 높은 유기물 다량이용 또는 질소용탈이 심한 조건에서 발생한다.	• 잎 색깔이 진한 녹색을 띠고, 작물이 과번무하며 연약하여 내병성이 약화된다. • 시설하우스에서 탄질비 낮은 유기물 등 과량시비로 발생한다.
인 산	• 작물이 녹색을 띤 상태에서 생장이 멈추고 왜화 한다. • 생육초기 저온에서 주로 발생하며 야산 개간지 토양이나 인산흡수력이 높은 토양, 알루미늄이 많은 산성 토양에서 발생한다.	• 과잉증상은 없으나, 인산이 많은 토양에서 길항작용에 의한 마그네슘 · 철 결핍이 일어날 수 있다.
칼 리	• 중하위엽부터 잎선단이 황화되거나 잎에 부정형의 흰색 또는 갈색반점이 나타나고, 사질토나 유기물에 의한 칼리 공급이 부족한 토양에서 발생한다. • 퇴비 등 충분한 유기질자재 사용 시 결핍은 없어진다.	• 과잉 증상은 없으나, 칼슘이나 마그네슘의 흡수를 억제하여 이들의 결핍 증상을 유도할 수 있다.

3. 생리장해의 종류와 대책

＋ 토양물리성 불량

- 대형 농기계 사용으로 토양 중에 경반층이 생성되면 뿌리가 제대로 자라지 못한다. 토양과습이나 통기불량으로 시들음 증상이나 뿌리썩음이 발생하기 쉽다.

  ※ 대책: 주기적 심토파쇄나 호밀 등 녹비재배로 토양물리성을 개선한다.

＋ 수분 관리 잘못

- 지하수위가 높거나 식질토양에서 배수불량 혹은 관수량 과다로 뿌리썩음이 발생한다.
- 토양건조는 양분흡수저해로 인한 영양장애(붕소, 칼슘)와 매운맛 이상 등의 문제를 일으킨다.

  ※ 대책: 암거시설, 심토파쇄로 투수를 촉진하고 관개방법 개선하고 토양멀칭으로 급격한 토양수분변동을 억제한다.

＋ 부적절한 온도 및 일조 관리

- 열과: 건습 반복과 큰 온도변화 및 직사광선 노출로 발생한다.
- 석과: 저온이나 고온 조건(15℃ 이하, 30℃ 이상)에서 꽃가루형성과 수정이 이루어질 때 발생한다.
- 낙화 및 낙과: 고온, 저온, 일조불량, 영양 불균형, 착과 과다, 병해충 피해로 인한 광합성 불량 등으로 선단부의 어린 꽃과 열매가 낙과한다.

✚ 기타

- 흑자색과: 열매의 표면에 검은색이 도는 자주색이 나타난다. 저온과 건조가 반복되면 발생한다.
  ※ 대책: 토양 건조에 유의하고 야간 보온에 유의한다.
- 부패과: 열매측면, 꼭지부분에 함몰된 부패한 반점이 발생한다. 고온 및 건조 조건에서 발생하며 칼슘 결핍과 관련이 있다.
  ※ 대책: 토양수분을 일정하게 유지하고, 석회석을 밑거름으로 이용한다. 석회소다 염화물 등을 액비화하여 수차례 엽면 살포한다.

질소 결핍 증상

철 결핍 증상

칼슘 결핍에 의한 고추열매 피해

칼리 결핍 증상

마그네슘 결핍 증상

붕소 결핍 피해

V. 병해충 관리를 위한 유기자재의 활용 기술

1. 난황유

- 대상 병해충: 흰가루병, 진딧물, 가루이 등이 있다.
- 식용유를 달걀노른자로 유화시킨 현탁액으로 거의 모든 작물에 사용이 가능하며 병해충 예방 또는 방제 목적으로 활용할 수 있다.

※ 제조방법 및 사용방법은 Part 06을 참조.

2. 식물 추출물

✚ 님(Neem) 오일

- '*Azadirachta indica*'라는 식물의 열매에서 추출한 식물성 기름으로 살균효과뿐만 아니라 응애, 진딧물 등 많은 해충에 대한 살충효과를 가진다.
- 현재 님(Neem) 추출물을 함유한 제품들이 상품화되어 있으니 이를 적절히 이용한다.

✚ 제충국

- 국화과의 식물로 피레스로이드(Pyrathroid)라고 하는 물질이 여러 해충에 대하여 독소로 작용한다.
- 국내 많은 지역에서 재배가 가능하며 꽃을 따서 알코올에 추출한 뒤 물에 희석하여 사용한다.
- 천적과 꿀벌에 해를 줄 수 있으므로 주의한다.

3. 난각칼슘

- 달걀 껍데기에 있는 칼슘과 미네랄을 공급하여 작물이 튼튼하게 자라 병해충에 견딜 수 있게 한다.
- **제조방법**
  ① 달걀 껍데기를 말린 후 믹서로 가루를 만든다.
  ② 현미식초에 조금씩 첨가한다(현미식초 : 난각 = 20L : 1kg).
  ③ 가스가 빠져나갈 수 있게 뚜껑을 천으로 막고 7일 정도 둔다.
  ④ 수용성 난각칼슘을 걸러내고 500배 희석하여 사용한다.

달걀 껍질

식초를 이용한 난각칼슘 추출

4. 베이킹파우더

- 베이킹파우더 20g을 물 1말(20L)에 희석하여 매주 사용했을 때 흰 가루병과 다른 곰팡이병을 억제할 수 있다.
- 베이킹파우더는 많은 곰팡이병해 방제효과가 있으나 자주 사용하거나 농도가 높으면 약해가 발생될 수 있으며 토양 pH가 알칼리로 변할 수 있으므로 주의해야 한다.

5. 석회유황합제

- 유황성분의 살균, 살충효과를 이용하여 다양한 병해충 방제목적으로 사용할 수 있다.
- **제조방법**
  - 물을 40℃로 데우고 유황을 저으면서 첨가한다.
  - 70℃에서 생석회를 서서히 첨가한다.

– 2~3시간 동한 약한 불로 끓인다.

– 상층액 500배액을 살포한다.

※ 신초 및 꽃잎 약해가 발생할 수 있으니 주의한다.

==석회유황합제==

6. 미생물

- 해당 병해충에 특이적인 효과를 보이며 인축에 무해하다.
- **살균성 미생물**
  – 길항성, 기생성 미생물을 이용하여 흰가루병 등 병해를 방제한다.
- **살충성 미생물(BT제)**
  – 나방류 해충을 방제하는 데 효과적이다.
  – 유충의 장에 들어가 출혈을 일으켜 해충을 죽게 한다.
  ※ 병해충 관리 자재는 부록을 참조.

Part 06

고추 유기재배의

실천 기술

Ⅰ. 반비가림 시설을 이용한 고추 재배

역병과 함께 고추 재배 시 가장 문제가 되는 병해 중 하나인 탄저병은 현재 세계적으로 저항성 품종이 개발되지 않아 유기농 고추생산의 최대 장애요인이다. 탄저병균은 빗물이 튀면서 건전한 과실로 전파되기 때문에 비가림 시설을 통해 빗물이 튀는 것을 막으면 병 발생을 줄일 수 있다.

1. 활용방법

- 기존의 비가림 시설에 천정 부분만을 비닐로 덮고 양옆을 뚫어 환기가 되도록 한다.
- 덕 시설을 이용한 반비가림 재배도 가능하다.

반비가림 시설 모습

2. 처리효과

- 반비가림 시설에 의한 고추탄저병 방제가 가능하다(95% 이상).
- 고품질 유기농 고추를 생산할 수 있고 수량도 높일 수 있다.
  - 관행대비 23~28%, 유기농 노지고추 대비 57~64% 증가한다.
- 고추재배농가의 소득을 향상시킬 수 있다.
  - 관행대비 100~109%, 유기농 노지고추 대비 56.8~64% 증가한다.

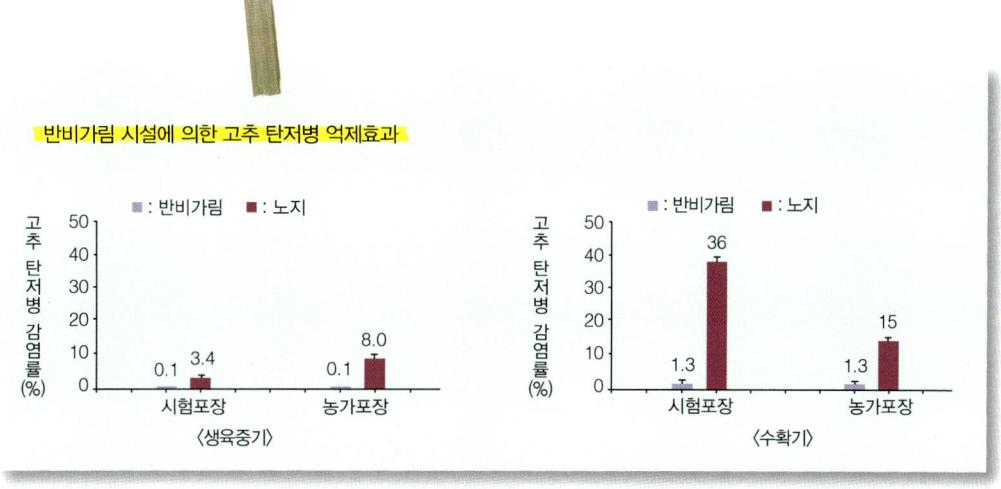

반비가림 시설에 의한 고추 탄저병 억제효과

표 1. 반비가림 및 노지 유기농 고추의 탄저병 및 담배나방 피해과율

포장별	고추 탄저병(%)		담배나방(%)	
	생육중기	수확기	생육중기	수확기
반비가림(시험포장)	0.1	1.3	5.1	4.0±4.2
반비가림(농가포장)	0.1	1.3	ND	12.0±7.6
노지재배(시험포장)	3.4	36.0	3.3	2.0±4.5
노지재배(농가포장)	8.0	15.0	ND	2.0±2.7

3. 주의사항

- 반비가림 후 시설 내 고추 과실에 담배나방에 의한 피해가 다소 증가할 수 있다.

····· 나방류 피해 감소를 위한 반비가림 시설 내 방충망 설치 ···

- 고추 과실을 직접 가해하는 해충은 대부분 담배나방과 같은 대형 곤충으로 망 간격이 넓은 방충망을 설치하면 통풍도 원활하게 하며 과실피해도 줄일 수 있다.
- 개폐기와 연결하여 설치할 경우 작업 시 망을 쉽게 걷어낼 수가 있다.
- 주의사항: 성충의 활동이 많은 밤 시간에는 망을 닫아야 한다.

망 설치 전경

개폐기 연결

망

Ⅱ. 난황유 혼합제를 이용한 병해충 방제

난황유란 식용유를 달걀노른자로 유화시킨 유기농 작물보호자재로 거의 모든 작물의 병해충 예방목적으로 활용하며 고추에 발생하는 흰가루병, 탄저병, 가루이류, 진딧물류, 총채벌레 등에 대한 방제효과가 있다.

1. 만드는 방법

- 소량의 물에 달걀노른자를 넣고 2~3분간 믹서로 간다.
- 달걀노른자 물에 식용유를 첨가하여 다시 믹서로 3~5분간 혼합한다.
- 만들어진 난황유를 물에 희석해서 골고루 묻도록 살포한다.

식용유   +   달걀노른자   →   혼합

난황유 완성   →   희석   →   난황유 살포

표 2. 살포량별 필요한 식용유와 달걀노른자 양

재료별	병 발생 전(0.3% 난황유)			병 발생(0.5% 난황유)		
	1말 (20L)	10말 (200L)	25말 (500L)	1말 (20L)	10말 (200L)	25말 (500L)
식용유	60mL	600mL	1.5L	100mL	1L	2.5L
달걀노른자	1개	7개	15개	1개	7개	15개

2. 사용방법

- 예방적 살포는 10~14일 간격, 병·해충 발생 후 치료적 목적은 5~7일 간격으로 살포한다.
- 잎의 앞·뒷면에 골고루 묻도록 충분한 양을 살포해야 한다.
- 난황유는 직접적으로 병해충을 살균·살충하기도 하지만 작물 표면에 피막을 형성하여 병원균이나 해충의 침입을 막아주므로 너무 자주 살포하거나 농도가 높으면 작물 생육이 억제될 수 있다.
- 고추에서 진딧물 방제를 위해서는 0.5%로 진하게 처리하도록 하며, 탄저병 억제를 위해서는 장마 전부터 약 5~7일 간격으로 꾸준히 처리하는 것이 필요하다.
- 난황유의 병 방제효과를 높이기 위해 유황이나 쿠퍼수화제(친환경 유기자재)를 첨가하면 방제효과를 높일 수 있고 님 오일과 식물 추출물을 첨가하면 해충방제 효과를 높일 수 있다.

······난황유 사용시 주의사항 ························

- 5℃ 이하 저온과 35℃ 이상 고온에서는 약해를 나타낼 수 있다.
- 저온다습 시에는 기름방울이 마르지 않고 결빙되어 약해증상을 나타낼 수 있고, 고온 건조 시에는 기름방울에 의한 작물의 수분 스트레스가 높아진다.
- 작물의 종류, 생육시기, 재배형태 등에 따라 난황유에 대한 반응이 다를 수 있다.
- 농도가 높거나 너무 자주 살포하면 작물에 생육장애가 있을 수 있다.
- 영양제나 농약과 혼용 시 효과가 낮아지거나 약해 발생 우려가 높다.

Ⅲ. 요구르트 발효액비를 이용한 양분 관리

장기성 작물인 고추는 유기농 재배 시 생육후기에 양분 부족으로 관행농법에 비하여 기대 수확량이 현저히 감소한다. 요구르트와 유박을 발효시켜 고추 생육후기에 양분공급제로 이용할 경우, 고추의 후기생육 증진 및 생산성을 증대시킬 수 있다.

1. 활용방법

- 유채박(질소 4.9%, 6kg)과 요구르트(3.9L)를 물 15말(300L)과 혼합하여 2주간 상온에서 발효시킨 후, 고추 정식 2개월 후부터 2주 간격으로 10a에 토양 관주한다.

2. 처리효과

- 고추과실 증수: 토양 관주(24.8톤/ha) 〉 유기농 관행(19.7톤/ha)
- 간단한 액비 제조 및 사용법으로 자재구입 비용 및 노동력을 절감할 수 있다.
    - 유기농 관행(10,830천 원/ha, 100%) ⇨ 요구르트 액비(912천 원, 8%)

3. 주의사항

- 부패 방지 및 발효 촉진을 위해 액비를 휘저어준다(20~30회/일).

요구르트 발효액비

생육초기

생육중기

Ⅳ. 천적을 이용한 해충 방제

시설재배 고추에서 효과적인 해충방제를 위해 해충 발생 예찰과 천적의 방사, 천적 정착의 세심한 관찰이 필수적이다. 해충 방제를 위한 천적은 크게 기생성 천적과 포식성 천적으로 나누어지며 해충종과 이들의 발생 정도에 따라 적절한 천적을 이용해야 한다.

표 3. 고추 주요 해충과 적용 천적

해충군	해충명	포식성 천적	기생성 천적
총채벌레	꽃노랑총채벌레	미끌애꽃노린재	–
	대만총채벌레	지중해이리응애	
진딧물	복숭아혹진딧물		콜레마니진디벌
	목화진딧물	진디혹파리	(뱅커플랜트)
	수염진딧물류		어비진디벌
가루이류	온실가루이	지중해이리응애	온실가루이좀벌
	담배가루이		황온좀벌
나방류	담배나방	쌀좀알벌	기생성 선충

1. 천적 이용법

- 지중해이리응애는 총채벌레와 가루이가 동시에 발생할 때, 미끌애꽃노린재는 총채벌레만 발생할 때 효과적이다.
- 진딧물 방제를 위하여 고추 정식 후 뱅커플랜트를 투입하고, 복숭아혹진딧물과 목화진딧물이 발생할 때 콜레마니진디벌을, 수염진딧물류가 발생할 때 어비진디벌 또는 진디혹파리를 발생지점에 집중 방사한다.
- 지중해이리응애는 가루이 두종의 방제에 효과적이나 온실가루이좀벌은 온실가루이 방제에, 황온좀벌은 담배가루이 방제에 적합하여, 천적 사용하기 전에 가루이종을 확인해야 한다(Part 05 참조).
- 나방류 방제에 쌀좀알벌이 이용가능하나, 천적의 수명이 짧고 나방의 알만 공격하여 천적을 방사시기에 영향을 받으므로 사용 시 사용시기와 사용량에 대한 신중한 판단과 방사 이후의 세심한 관찰이 필요하다.

- 시설 고추 주요 해충의 생물적 방제 현장적용 사례는 다음의 그래프를 참조할 수 있다.
- 시설하우스 재배 고추에 진딧물이 12.3~11.2마리/3엽 발생 시 무당벌레 50마리(암: 25, 수: 25)를 투입하여 2~3주 후 1.8~1.1마리/3엽으로 밀도를 억제시킬 수 있었다(330m^2 기준).
- 담배나방의 피해과율이 2.3%일 때 쌀좀알벌을 2회 방사하여 담배나방의 피해를 현저하게 감소시켰다.

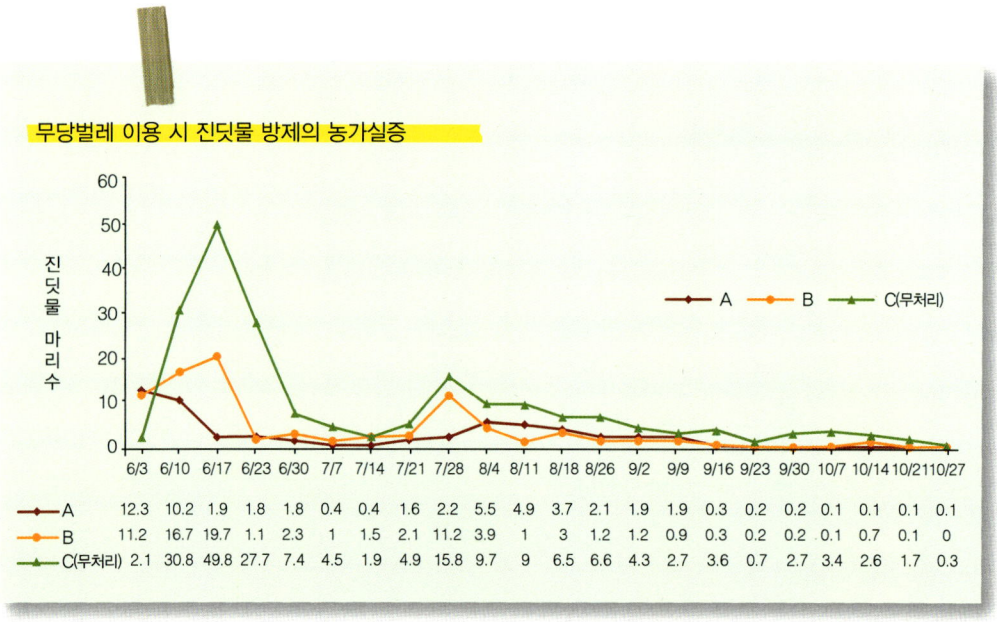

무당벌레 이용 시 진딧물 방제의 농가실증

	6/3	6/10	6/17	6/23	6/30	7/7	7/14	7/21	7/28	8/4	8/11	8/18	8/26	9/2	9/9	9/16	9/23	9/30	10/7	10/14	10/21	10/27
A	12.3	10.2	1.9	1.8	1.8	0.4	0.4	1.6	2.2	5.5	4.9	3.7	2.1	1.9	1.9	0.3	0.2	0.2	0.1	0.1	0.1	0.1
B	11.2	16.7	19.7	1.1	2.3	1	1.5	2.1	11.2	3.9	1	3	1.2	1.2	0.9	0.3	0.2	0.2	0.1	0.7	0.1	0
C(무처리)	2.1	30.8	49.8	27.7	7.4	4.5	1.9	4.9	15.8	9.7	9	6.5	6.6	4.3	2.7	3.6	0.7	2.7	3.4	2.6	1.7	0.3

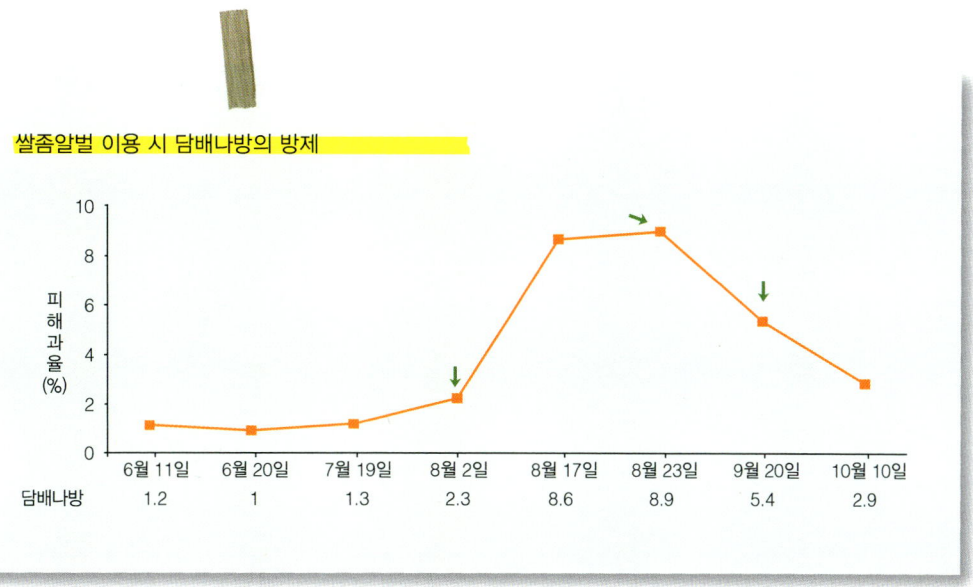

쌀좀알벌 이용 시 담배나방의 방제

	6월 11일	6월 20일	7월 19일	8월 2일	8월 17일	8월 23일	9월 20일	10월 10일
담배나방	1.2	1	1.3	2.3	8.6	8.9	5.4	2.9

V. 태양열 소독

- 태양열 소독이란 기온이 높은 여름철에 유기물을 투여하고 물을 대고 투명한 비닐로 멀칭하여 토양온도를 높여서 병원균을 사멸시키거나 불활성화 시키는 방법이다.
- 비닐하우스 재배에서 문제가 되는 선충이나 토양해충을 방제하는 데 탁월한 효과가 있으며 토양표면 가까이 있다가 발아하여 올라오는 대부분의 잡초종자는 죽거나 제대로 발아하지 못하게 된다.

• **작업순서**

태양열 소독 처리 작업

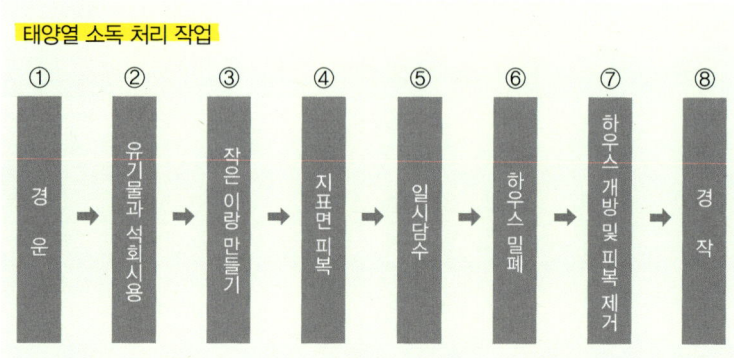

① 경운 → ② 유기물과 석회시용 → ③ 작은 이랑 만들기 → ④ 지표면 피복 → ⑤ 일시담수 → ⑥ 하우스 밀폐 → ⑦ 하우스 개방 및 피복 제거 → ⑧ 경작

－ 노지에서는 상토용 비닐에 10~15cm 두께로 흙을 넣고 10~15일간 방치하여 햇볕에 소독해도 효과적이다.

－ 지중가온시설이 보급된 농가에서는 담수처리 후 지온을 50℃ 이상 되도록 5일간 가온할 경우 많은 토양전염성 병원균과 선충을 방제할 수 있다.

태양열 소독을 위한 유기물 처리 및 비닐피복

Part 07

·

수 화 및 건 조

I. 수 확

1. 풋고추

- 개화 후 15~20일 정도에 수확하게 되며 수확기간은 재배방식에 따라 아주심기 후 4~6개월 정도이다.
- 수확과의 크기는 큰 과실 품종이 30~40g, 작은 과실 품종은 15~18g 정도이다.
- 수확은 아침에 하며 과피에 이상이 있거나 담배나방의 피해가 있는 과실을 선별하여 포장한다.
- 너무 낮은 온도에서는 저온장해 및 종자부의 부패가 발생하므로 7~10℃에서 저장하는 것이 적당하다.

2. 붉은 고추

- 개화 후 45일 정도 지나면 착색이 되어 붉은 고추를 수확할 수 있기 때문에 7월 하순부터 7~10일 간격으로 수확한다.
- 과색이 진홍색으로 변하고 과실 표면에 주름이 생겼을 때 캡사이신 성분이 가장 많아 붉은고추의 수확적기이다.
- 수확기가 늦으면 탄저병 발생이 많아지므로 착색이 되면 바로 수확을 하도록 한다.

Ⅱ. 건 조

고추는 수분함량이 높고(약 83%) 과육이 부패하기 쉬워 장기간 보관하면 썩기 쉬우므로 건조하여 저장하였다가 출하한다. 건조방법으로는 천일건조, 비닐하우스건조, 열풍건조 등이 있는데 잘못 건조하게 되면 고유의 색깔이나 매운맛이 떨어지므로 주의가 필요하다.

하우스건조

열풍건조

1. 천일건조

- 재배 면적이 적은 농가에서 가마니나 지붕 위에 널어 햇빛에 직접 건조하는 전통적인 방법이다.
- 지상에서 30cm 이상의 높이를 두고 발 등에 고추를 널면 통풍이 잘되어 탈색 및 비상품과를 줄일 수 있다.
- 건조 후 색택이 좋아 상품성이 높은 장점이 있다.

- 잔손질이 많아 작업이 불편하며 날씨의 영향을 많이 받는 단점이
  있다.

2. 비닐하우스 건조

- 농가의 비닐하우스에 단을 만들고 그 위에 고추를 널어 건조하는 방법
  이다.
- **건조방법**
  - 하우스 바닥에 비닐 또는 천막 깔기(건조대 설치) → 흑색 건조
    망 펴기 → 고추 펴서 널기 → 흰색 또는 흑색 부직포로 덮기 →
    건조(환기 및 뒤집기 유의)
- **장점**
  - 색깔과 맛이 열풍건조한 고추보다 좋아 판매에 유리하다.
  - 유류대 등 연료비가 들지 않는다.
- **단점**
  - 건조 기간이 길고 다량 건조가 어렵다.
  - 강우 시 건조할 수 없다.
  - 날씨에 의해 건조 기간이 길어지면 품질이 떨어진다.
- **주의사항**
  - 환기를 잘해 주어 실내온도가 55℃를 넘지 않도록 한다.
  - 9월 하순 이후에는 비상품과가 발생하기 때문에 비닐하우스를
    이용한 건조방법의 수확 한계는 9월 상순까지가 적합하다.

3. 열풍건조

- 전기나 기름의 화력을 이용하여 건조기에 열풍을 가하여 단시간에 다량의 고추를 건조시키는 방법이다.
- **건조방법**
  - 수확 → 선별·세척 → 물기 빼기 → 건조기에 넣기 → 완전 밀폐(65℃에서 5~6시간) → 완전 배습(1시간 정도) → 배기구 일부 개방(60℃에서 7~8시간 → 55℃에서 10~12시간) → 완전 건조
  ※ 건조기 1평형에 생고추 600kg 건조 기준
- **장점**
  - 건조기간이 짧다.
  - 1회에 많은 양을 건조할 수 있다.
- **단점**
  - 고온건조 시 색깔이 검은색을 띠게 되고 매운맛이 떨어진다.
  - 농가별 건조기술에 차이가 많고 품질이 떨어지기 쉽다.

4. 열풍건조 + 하우스건조

- 고추건조 시간과 비용을 줄이고 건고추 품질저하를 막기 위한 방법으로 건조기에 1차 건조한 다음 비닐하우스나 노천에서 2차 건조하는 방법이다.
- **건조방법**
  - 수확 → 선별·세척 → 물기 빼기 → 건조기에 넣기 → 완전 밀폐(65℃에서 5~6시간) → 배기구 일부 개방(55~60℃에서

12~14시간) → 건조기에서 꺼내기 → 하우스에 펴서 널기 → 1일 1~2회 뒤집기(3~4일) → 완전 건조

– 하우스 건조 시 환기와 뒤집기를 소홀히 하면 탈색이 되어 품질이 떨어지므로 주의하여야 한다.

절단건조

● 고추의 선별·세척 후 3~4등분 절단한 상태로 건조하면 건조시간과 건조비용을 절감할 수 있다. 절단 후 건조로 탈색률이 높아지는데 고온건조로 탈색을 막을 수 있다. 가로 절단보다 세로 절단 시 건조시간을 더 줄일 수 있다.

1. 국내 유기농업에 허용되는 자재 목록 (개정 2012.7.4)

표 1. 토양개량과 작물생육을 위하여 사용이 가능한 자재

사용가능 자재	사용가능 조건
○ 농장 및 가금류의 퇴구비	○ 농촌진흥청장이 고시한 품질규격에 적합할 것
○ 퇴비화된 가축배설물	
○ 건조된 농장퇴구비 및 탈수한 가금퇴구비	○ 지렁이 양식용 자재는 이 목(1) 및 (2)에서 사용이 가능한 것으로 규정된 자재만을 사용할 것
○ 식물 또는 식물잔류물로 만든 퇴비	
○ 버섯재배 및 지렁이 양식에서 생긴 퇴비	
○ 지렁이 또는 곤충으로부터 온 부식토	○ 슬러지류를 먹이로 하는 것이 아닐 것
○ 식품 및 섬유공장의 유기적 부산물	○ 합성첨가물이 포함되어 있지 아니할 것
○ 유기농장 부산물로 만든 비료	
○ 혈분·육분·골분·깃털분 등 도축장과 수산물 가공공장에서 나온 동물부산물	
○ 대두박, 미강유박, 깻묵 등 식물성 유박류	
○ 제당산업의 부산물(당밀, 비나스(Vinasse), 식품등급의 설탕, 포도당 포함)	○ 유해 화합물질로 처리되지 아니할 것
○ 유기농업에서 유래한 재료를 가공하는 산업의 부산물	
○ 이탄(Peat)	
○ 피트모스(토탄) 및 피트모스추출물	
○ 오줌	○ 적절한 발효와 희석을 거쳐 냄새 등을 제거한 후 사용할 것
○ 사람의 배설물	○ 완전히 발효되어 부숙된 것일 것
	○ 고온발효: 50℃ 이상에서 7일 이상 발효된 것
	○ 저온발효: 6개월 이상 발효된 것
	○ 직접 먹는 농산물에 사용금지
○ 해조류, 해조류 추출물, 해조류 퇴적물	
○ 벌레 등 자연적으로 생긴 유기체	
○ 미생물 및 미생물추출물	
○ 구아노(Guano)	
○ 짚, 왕겨 및 산야초	

○ 톱밥, 나무껍질 및 목재 부스러기	○ 폐가구 목재의 톱밥 및 부스러기가 포함되어 있지 아니할 것
○ 나무숯 및 나뭇재	
○ 황산가리 또는 황산가리고토(랑베나이트 포함)	○ 천연에서 유래하여야 하며, 단순 물리적으로 가공한 것에 한함
○ 석회소다 염화물	○ 사람의 건강 또는 농업환경에 위해요소로 작용하는 광물질(예: 석면광, 수은광 등)은 사용할 수 없음
○ 석회질 마그네슘 암석	
○ 마그네슘 암석	
○ 황산마그네슘(사리염) 및 천연석고(황산칼슘)	
○ 석회석 등 자연산 탄산칼슘	
○ 점토광물(벤토나이트 · 펄라이트 및 제올라이트 일라이트 등)	
○ 질석(풍화한 흑운모: Vermiculite)	
○ 붕소 · 철 · 망간 · 구리 · 몰리브덴 및 아연 등 미량원소	
○ 칼륨암석 및 채굴된 칼륨염	○ 합성공정을 거치지 아니하여야 하고 합성비료가 첨가되지 아니하여야 하며, 염소 함량이 60% 미만일 것
○ 천연 인광석 및 인산알루미늄칼슘	○ 물리적 공정으로 제조된 것이어야 하며, 인을 오산화인(P_2O_5)으로 환산하여 1kg 중 카드뮴이 90mg/kg 이하일 것
○ 자연암석분말 · 분쇄석 또는 그 용액	○ 화학합성물질로 용해한 것이 아닐 것
○ 베이직슬래그(鑛宰)	○ 광물의 제련과정으로부터 유래한 것
○ 황	
○ 스틸리지 및 스틸리지추출물(암모니아 스틸리지는 제외한다)	
○ 염화나트륨(소금)	○ 채굴한 염 또는 천일염일 것
○ 목초액	○ 「산림자원의 조성 및 관리에 관한 법률」에 따라 국립산림과학원장이 고시한 규격 및 품질 등에 적합할 것
○ 키토산	○ 농촌진흥청장이 정하여 고시한 품질규격에 적합할 것
○ 그 밖의 자재	○ 국제식품규격위원회(CODEX) 등 유기농 관련 국제기준에서 토양개량과 작물생육을 위하여 사용이 허용된 자재로서 농촌진흥청장이 인정하여 고시하는 물질

표 2. 병해충 관리를 위하여 사용이 가능한 자재

사용이 가능한 자재	사용 가능 조건
(가) 식물과 동물	
○ 제충국 추출물	○ 제충국(Chrysanthemum cinerariaefolium)에서 추출된 천연물질일 것
○ 데리스(Derris) 추출물	○ 데리스(Derris spp., Lonchocarpus spp. 및 Terphrosia spp.)에서 추출된 천연물질일 것
○ 쿠아시아(Quassia) 추출물	○ 쿠아시아(Quassia amara)에서 추출된 천연물질일 것
○ 라이아니아(Ryania) 추출물	○ 라이아니아(Ryania speciosa)에서 추출된 천연물질일 것
○ 님(Neem) 추출물	○ 님(Azadirachta indica)에서 추출된 천연물질일 것
○ 밀랍(Propolis)	
○ 동·식물성 오일	
○ 해조류·해조류가루·해조류추출액·해수 및 천일염	○ 화학적으로 처리되지 아니한 것일 것
○ 젤라틴	○ 크롬(Cr)처리 등 화학적 공정을 거치지 아니한 것일 것
○ 인지질(레시틴)	
○ 난황(卵黃)	
○ 카제인(유단백질)	
○ 식초 등 천연산	○ 화학적으로 처리되지 아니한 것일 것
○ 누룩곰팡이(Aspergillus)의 발효생산물	
○ 버섯 추출액	
○ 클로렐라 추출액	
○ 목초액	○ 「산림자원의 조성 및 관리에 관한 법률」에 따라 국립산림과학원장이 고시한 규격 및 품질 등에 적합할 것
○ 천연식물에서 추출한 제제 · 천연약초, 한약재	
○ 담배차(순수니코틴은 제외)	
○ 키토산	○ 농촌진흥청장이 정하여 고시한 품질규격에 적합할 것
(나) 광물질	
○ 구리염	
○ 보르도액	
○ 수산화동	
○ 산염화동	

○ 부르고뉴액	
○ 생석회(산화칼슘) 및 수산화칼슘	○ 보르도액 및 석회유황합제 제조용에 한함
○ 유황	
○ 규산염	○ 천연에서 유래하거나, 이를 단순 물리적으로 가공한 것에 한함
○ 규산나트륨	
○ 규조토	
○ 벤토나이트	
○ 맥반석 등 광물질 분말	
○ 중탄산나트륨 및 중탄산칼륨	
○ 과망간산칼륨	
○ 탄산칼슘	
○ 인산철	○ 달팽이 관리용으로 사용하는 것에 한함
○ 파라핀 오일	
(다) 생물학적 병해충 관리를 위하여 사용되는 자재	
○ 미생물 및 미생물 추출물	
○ 천적	
(라) 덫	
○ 성유인물질(페로몬)	○ 작물에 직접 살포하지 아니할 것
○ 메타알데하이드	
(마) 기타	
○ 이산화탄소 및 질소가스	
○ 비눗물	○ 화학합성비누 및 합성세제는 사용하지 아니할 것
○ 에틸알코올	○ 발효주정일 것
○ 동종요법 및 아유르베다식(Ayurvedic) 제제	
○ 향신료 · 생체역학적 제제 및 기피식물	
○ 웅성불임곤충	
○ 기계유	
○ 그 밖의 자재	○ 국제식품규격위원회(CODEX) 등 유기농 관련 국제 기준에서 병해충 관리를 위하여 사용이 허용된 자재로 농촌진흥청장이 인정하여 고시하는 물질

2. 친환경 유기농자재 목록 공시

- 목록 공시제는 대상 품목에 함유된 자재가 유기농업에 허용되는 자재임을 보증하나 그 효과나 품질을 보증하지는 않는다.
- 공시 품목에 대한 정보는 농촌진흥청 홈페이지(www.rda.go.kr)에서 확인이 가능하다.
- 농촌진흥청 홈페이지에서 정보를 확인하는 방법은 다음과 같다.
  ① 홈페이지 메뉴바의 기술정보를 클릭한다.
  ② 농자재정보를 클릭한다.
  ③ 농자재정보의 친환경유기농자재를 클릭한다.

④ 원하는 자재명을 클-릭하면 상세 정보를 확인할 수 있다.

3. 유기농 인증기준

1. 유기농 인증기준과 표시

- 유기농 인증이란 친환경농산물 인증제도의 하나로서 소비자에게 보다 안전한 친환경농산물을 전문인증기관이 엄격한 기준으로 선별·검사하여 정부가 그 안전성을 인증하는 것을 뜻한다.

유기농산물의 기준과 표시

인증기준	유기합성농약과 화학비료를 사용하지 않고 재배한 농산물 (전환기간: 다년생 작물은 3년, 그 외 작물은 2년)		
인증마크 및 표시	 기존 로고	 새로운 로고	– 유기농산물, 유기축산물 또는 유기○○ 　(○○는 농산물의 일반적 명칭으로 한다) – 예: 유기재배 당근 – 기존 로고는 2013년까지 병행 사용

출처: 국립농산물 품질관리원

2. 유기농 인증신청과 절차

- **신청기한**
  - 인증신청 농산물 생육기간의 1/2이 지나기 전에 인증희망일 42일 전까지 신청한다.

- **신청 시 제출서류**

  ① 친환경농산물인증신청서

  ② 인증품 생산계획서

  ③ 영농 관련 자료(영농일지, 포장별 시비처방서, 기타 관련자료)

  ※ 자세한 내용은 인증기관에 문의

- **신청기관**

  - 국립농산물 품질관리원 지원 · 국립농산물 품질관리원 출장소 및 민간 인증기관

- **인증절차(국립농산물 품질관리원)**

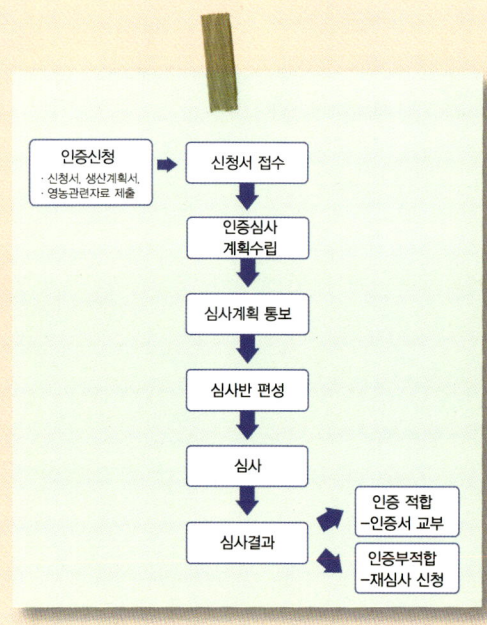

4. 유기재배기술 관련 사이트

1. 유기농정보포털

대표이미지	사이트	주요 내용	인터넷 주소 및 전화번호
RDA 농촌진흥청	농촌진흥청	• 농업기술정보 소개 • 농산물 생산 동향	http://www.rda.go.kr/ 031-299-2200
유기농정보센터	유기농정보센터	• 친환경농산물 작물별 생산기술 자료 — 친환경재배기술 및 유기자재 정보 — 유기재배 실천사례	http://www.naas.go.kr/ organic/ 031-290-0562
친환경농산물 정보시스템	친환경농산물 정보시스템	• 친환경농산물 인증제도 및 법령 • 친환경농산물 인증정보 • 친환경인증 신청 안내	http://www.enviagro.go.kr 031-463-1578
KAOA	한국유기농업학회	• 유기농 학술자료 발간 • 유기농업 학술 대회 개최	http://yougi.or.kr 031-290-0548
한국지속농업산학연구회	한국지속농업 산학연구회	• 유기농재배기술 정보 공유	http://www.jisok.kr 055-751-5425
RIOA 단국대학교 유기농업연구소	단국대학교 유기농업연구소	• 유기농관련 자료 소개 • 연구소 활동 소개	http://www.rioa.or.kr/rioa/
상지대학교 농업과학교육원	상지대학교 농업과학교육원	• 친환경농업기술 교육	http://sae.sangji.ac.kr/

2. 국내 유기농 관련 단체

대표이미지	사이트	주요 내용	인터넷 주소 및 전화번호
한국유기농업협회	한국유기농업협회	• 친환경농업교육과정 소개 • 유기농업 생산정보	http://www.organic.or.kr 031-756-4462
환경농업단체연합회	환경농업단체 연합회	• 친환경유기농산물 판매처 소개 • 친환경농업 현황 자료	http://www.kfsao.org 031-521-2160
자연을 닮은 사람들	자연을 닮은 사람들	• 자연농업기술 소개 — 천연자재 만들기 — 국내외 사례연구	http://www.naturei.net 055-883-8959

	(사)흙살림	• 친환경농업 교육 소개 • 유기농업 컨설팅	http://www.heuk.or.kr 080-338-8779
	전국귀농운동본부	• 귀농 교육 강좌 소개 – 농업재배 기술 교육 – 농가 현장 체험	http://www.refarm.org/ 031-408-4080
	한살림전국 생산자연합회	• 친환경농산물 생산자소개 • 농업자료	http://farm.hansalim.or.kr/ 02-6715-0880
	우리는 지금 농촌으로 간다	• 귀농교육과정	http://cafe.naver.com/uiturn
	전국농업기술자협회	• 친환경농업기술 교육 • 농산물 및 농장 소개	http://www.kafarmer.or.kr 02-794-7270
	생협전국연합회	• 유기농 관련 자료 소개 • 생협활동 소개	http://www.co-op.or.kr/